환 경

환경

에마뉘엘 파루아시앵 글 | 자크 다얀·이브 르케슨 그림 | 과학상상 옮김
처음 찍은날 2010년 9월 7일 | 처음 펴낸날 2010년 9월 15일
펴낸곳 큰북작은북(주) | 펴낸이 김혜정 | 출판등록 제307-2005-000021호
주소 136-034 서울 성북구 동소문동 4가 75-2 브라다리빙텔 702
전화 02-922-1138 | 팩스 02-922-1146

L'ÉCOLOGIE in the series Pourquoi/Comment)
World Copyright © Groupe Fleurus, 2009
Korean translation copyright © 2010, KBJB Publishing Co., Ltd.

ISBN 978-89-91963-83-2 (64400)   978-89-91963-80-1(세트)

환 경

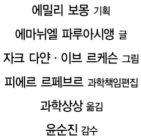

에밀리 보몽 기획

에마뉘엘 파루아시앵 글

자크 다얀 · 이브 르케슨 그림

피에르 르페브르 과학책임편집

과학상상 옮김

윤순진 감수

큰북작은북

교과 과정 연계표 _ 7차 개정

학년	단원	단원	차례
초등 3학년	과학	소중한 공기	공기의 오염, 숨이 막힐 듯한 도시들
	사회	자연을 이용하는 생활	댐
초등 4학년	과학	강과 바다	강과 하천, 호수와 연못
		모습을 바꾸는 물	물의 위기, 낭비는 이제 그만!
초등 5학년	과학	환경과 생물	환경이란 무엇일까?, 인간의 영향
		물의 여행	강과 하천, 호수와 연못
		에너지	천연자원, 친환경 에너지, 원자력 에너지, 댐
	사회	자연재해와 환경문제	환경이란 무엇일까?, 인간의 영향, 공기의 오염, 숨이 막힐 듯한 도시들, 온실효과, 오존층, 기후변화, 물의 오염, 바다의 오염, 검은 물결, 흙의 오염, 온대림의 위기, 산림 파괴, 사막화, 우리가 버린 쓰레기는?, 재활용, 환경을 생각하는 행동들, 지혜로운 소비, 물의 위기
		환경문제와 더불어 살아가는 길	공해 없이 이동하기, 환경을 위한 작은 실천
초등 6학년	과학	쾌적한 환경	환경이란 무엇일까?, 공기의 오염, 숨이 막힐 듯한 도시들, 온실효과, 오존층, 기후변화, 물의 오염, 바다의 오염, 검은 물결, 흙의 오염, 온대림의 위기, 산림 파괴, 너무 시끄러워!, 독성 폐기물, 재활용, 환경을 생각하는 행동들, 환경을 위한 작은 실천
중등 1학년	사회	인구변화와 인구문제	인간의 영향
		도시발달과 도시문제	숨이 막힐 듯한 도시들, 우리가 버린 쓰레기는?
	도덕	환경과 인간의 삶	인간의 영향
		환경 친화적 삶의 방식	공해 없이 이동하기, 재활용, 환경을 생각하는 행동들, 지혜로운 소비, 낭비는 이제 그만!, 환경을 위한 작은 실천
중등 전학년	환경	환경 속의 나	환경이란 무엇일까?
		생태계 속의 나	인간의 영향, 생명의 순환, 생물종의 보호, 위기에 처한 식물들, 유입 생물종
		우리 활동과 환경의 변화	재활용, 낭비는 이제 그만!, 환경을 생각하는 행동들
		환경 친화적 가치관과 지속 가능한 삶	환경을 생각하는 행동들, 지혜로운 소비
		맑고 상쾌한 공기	공기의 오염, 숨이 막힐 듯한 도시들
		깨끗하고 풍부한 물	강과 하천, 호수와 연못, 검은 물결, 물의 위기
		생명의 터전, 흙	흙의 오염, 농업
		우리 생활 속의 자원과 에너지	천연자원, 친환경 에너지, 원자력 에너지, 댐
		다시 사용하는 쓰레기	우리가 버린 쓰레기는?, 재활용
		지역 사회의 환경	환경을 위한 작은 실천
		지구 환경	온실효과, 기후변화, 사막화, 산림 파괴, 물의 오염
		생태 공간의 회복	물의 오염, 바다의 오염, 검은 물결, 흙의 오염, 산림 파괴, 생물종의 보호, 환경을 위한 작은 실천
		환경 친화적 생활 실천	환경을 생각하는 행동들, 환경을 위한 작은 실천

차례

환경이란 무엇일까?

환경이라는 뜻의 'ecology'는 함께 사는 가족 구성원을 뜻하는 그리스어 'oikos'에서 유래했어요. 이 분야의 전문가인 환경학자들에게 지구는 개개인이 서로 영향을 주고받으며 살아가는 삶의 터전, 즉 환경을 뜻해요.

환경학자들은 자연 환경과 함께 생물종을 연구해요. 생물종이 멸종 위기에 처할 경우 보전할 수 있는 방법을 마련하기 위해서지요. 생물종과 그것을 둘러싼 환경이 모여 생물계를 구성하는데 이는 다시 산악 지대나 사막처럼 생태계, 즉 에코시스템을 이루는 모자이크의 한 부분이 된답니다.

어떻게 생태계를 정의할 수 있을까요?

생태계는 기후, 습도, 고도 등의 조건이 일정한 특성을 갖춘 지역에서 함께 살아가는 생물군의 집합을 말해요. 생태계의 종류는 매우 다양하지요. 숲이나 바다 같은 넓은 지역뿐만 아니라 늪이나 정원, 어항 속 역시 하나의 생태계라고 할 수 있어요.

어떻게 각각의 생물군이 주변의 무생물 환경에 영향을 받을까요?

모든 생물군은 자신이 살고 있는 지역의 햇빛과 온기, 물 등의 환경 조건에 의해 영향을 받아요. 환경의 조건들은 다양할 수 있지만, 어느 정도 제한적이지요. 생물은 일정한 환경이 아니면 살아갈 수 없기 때문이에요. 예를 들어 산호는 섭씨 30도 이상의 수온에서는 잘 살 수 없어요.

왜 이웃이 많을수록 좋다고 할까요?

1944년 환경학자들은 한 외딴 섬에서 27마리의 순록을 키우기 시작했어요. 평화로운 섬에는 순록의 천적이 없었기 때문에, 순록의 수는 계속 늘어나서 1960년에는 6,000마리에 이르게 되었지요. 그 결과 섬에는 더 이상 순록이 먹을 풀이 남아 있지 않았어요. 그래서 1963년 순록의 수는 42마리로 줄고 말았어요. 이로써 경쟁자나 포식자가 없는 환경에서 사는 생물종은 자신이 살아갈 터전을 지나치게 소모함으로써 결국 시간이 지나면 스스로를 파괴한다는 결론을 얻게 되었답니다.

잡아먹힘

왜 어떤 생물이 다른 생물보다 더 불안정할까요?

같은 지역에서 함께 살아가기 위해 생물들은 각각 자신만의 생태적 지위를 마련해야 해요. 그것은 어떤 먹이를 사냥하는지, 또 어떤 포식자의 먹이가 되는지에 따라 결정되지요. 몇몇 생물은 아주 특정한 생태적 지위를 가지고 있어요. 거의 대나무 잎만 먹는 판다가 그 한 예예요. 따라서 그런 조건이 위협당하면 생물 역시 사라질 위험에 처한답니다.

숲은 하나의 생태계예요. 동물과 식물, 광물이 서로 영향을 주고받으며 살아가지요.

불가사리를 모두 잡아들인다면 석 달 안에 불가사리의 먹이인 홍합이 온 바위를 뒤덮어 해초가 더 이상 살 수 없게 될 것이라고 말해요. 결론적으로 다양한 생물이 존재하는 생태계일수록 더 건강하다고 할 수 있어요. 그것을 '생물 다양성' 이라고 불러요.

왜 모든 생물이 소중할까요?

단 하나의 생물군이 사라지는 것만으로도 다른 생물들의 생존이 위험해질 수 있어요. 환경학자들은 만약 바다에 있는

어머나!

생물량(biomass)이란 살아 있는 모든 생물의 총량을 말해요. 식물과 박테리아의 총량은 동물과 인간의 총량에 비해 엄청나게 많은 수를 차지하지요.

생명의 순환

식물은 어떻게 자랄까요?

식물이 성장하려면 공기 중에 이산화탄소(CO_2)의 형태로 존재하는 탄소가 많이 필요해요. 식물은 탄소와 물을 흡수하여 광합성을 통해 식물성 물질로 변환시키지요. 식물은 거대한 먹이사슬의 기본을 구성하고 있어요. 먹이사슬에서 초식동물은 식물을 먹고, 육식동물은 초식동물을 먹거나 다른 식물을 먹기도 하지요. 사람도 마찬가지로 생존을 위해 다른 생물에 의존할 수밖에 없어요.

- 생명은 몇 가지 영구적인 물질들의 영향 아래 놓여 있어요. 그 물질들은 기체, 액체, 고체라는 세 가지 형태로 존재하며 형태가 바뀌는 경우도 있지만, 영원히 사라지지 않아요.

- 그러한 물질 가운데 하나인 질소는 대기의 78%를 차지해요. 질소는 단백질을 구성하는 데 필수적일 뿐만 아니라 생명체의 DNA에도 없어서는 안 될 물질이에요. 탄소는 흙과 바다, 생명을 지배하는 물질이에요. 공기의 21%를 구성하는 산소는 호흡에 꼭 필요하지요. 물은 지구 표면적의 약 14억km^3를 차지하고 있어요.

왜 정원에는 고양이가 쥐보다 적을까요?

고양이가 항상 사냥에 성공하지는 못하기 때문이에요. 고양이는 지치고 배고플 때가 되어서야 쥐를 잡지요. 그것은 사냥에 나서는 동물이 먹잇감이 되는 동물보다 언제나 숫자가 적은 현상을 설명해 주지요. 그것이 바로 야생의 법칙 가운데 하나예요. 만약 고양이가 너무 많다면 쥐를 모두 잡아서 더 이상 먹을 것이 남아 있지 않을 거예요.

어떻게 질소가 동물들을 더 빨리 자라게 할까요?

질소는 기체의 한 종류일 뿐 아니라 아주 훌륭한 천연비료이기도 해요. 식물의 뿌리에는 흙에 포함된 간단한 질소화합물을 단백질 같은 물질로 만들 수 있는 박테리아가 살아요. 그래서 동물들이 그 식물을 먹으면 단백질도 함께 섭취하여 더 잘 자랄 수 있지요. 탄소와 마찬가지로 질소 역시 삶의 원천이에요.

햇빛

이산화탄소

산소

물

왜 물은 쉬지 않고 움직일까요?

비가 내리면 그 가운데 일부는 땅속으로 스며들어요. 나머지는 강으로 흘러가거나 수증기가 되지요. 땅속으로 흡수된 물 가운데 일부는 다시 식물의 뿌리로 흡수돼요. 식물은 호흡하면서 흡수한 물을 밖으로 내보내지요. 그러면 물은 다시 순환을 시작해요.

광합성은 공기와 흙에 포함된 물질들을 태양에너지를 통해 식물성 물질로 변환시켜요.

질소가 포함된 동물의 배설물을 섭취해요. 그런 민달팽이의 배설물은 박테리아들에게 진수성찬이 되어 주지요. 박테리아가 배설물을 더 작은 찌꺼기로 분해하면 탄소와 질소는 다시금 공기와 흙으로 돌아가 또 사용된답니다. 그렇게 거대한 생명의 순환이 일어나요.

어떻게 민달팽이가 자연에 도움을 줄까요?

민달팽이는 살아 있는 식물뿐 아니라 죽은 식물도 먹고 살아요. 민달팽이는 탄소가 풍부하게 들어 있는 나무의 섬유소와

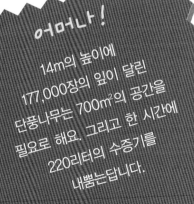

어머나!

14m의 높이에 177,000장의 잎이 달린 단풍나무는 700㎡의 공간을 필요로 해요. 그리고 한 시간에 220리터의 수증기를 내뿜는답니다.

인간의 영향

인간이 지구에 최초로 등장한 이후 10억 인구를 돌파한 것은 1800년경의 일이었어요. 하지만 그로부터 불과 120년이 지난 1920년경에는 20억 명으로 늘어났지요. 그 뒤로 30~40억 명이 되기까지는 약 15년이 걸렸으며, 50~60억의 인구가 된 것은 11년 정도밖에 걸리지 않았어요.

그런 엄청난 인구의 증가는 의학과 산업, 농업의 발달에 따른 것이에요. 인간은 천연자원을 성공적으로 개발했지만, 한편으로는 생명의 순환 법칙을 어지럽히고 생태계의 균형을 위태롭게 만들기도 했어요.

왜 인간은 예외적인 존재일까요?

최초의 인간들은 주로 식물을 채집하여 먹고 살았어요. 이후 도구를 발명하고 불을 사용하면서 사냥이 발달했고, 몸집이 큰 동물들을 소비하게 되었지요. 한편 농업의 발달은 인간 스스로 먹을 것을 생산해 낼 수 있게 해 주었어요. 그렇게 해서 인간은 자연의 먹이사슬에서 벗어나 다른 생물들과는 환경적으로 다른 지위를 차지하게 되었지요.

어떻게 현대의 인간은 불을 사용하게 되었을까요?

18세기에는 산업혁명이라는 엄청난 사건이 일어났어요. 인간은 땅에서 탄소가 많이 포함된 석탄을 발굴했어요. 그 뒤에 석탄과 마찬가지로 탄소가 많이 들어 있는 석유도 발견했지요. 하지만 석탄과 석유를 태우면서 발생하는 많은 양의 탄소가 대기 중에 퍼지면서 자연의 주기를 뒤흔들어 버렸어요.

왜 많은 인구가 문제가 될까요?

인구가 많아질수록 더 많은 식량을 필요로 하고 쓰레기도 많아져요. 사람들이 먹을 양식을 마련하려면 더 넓은 땅을 더 빨리 경작해야 하는데, 그러기 위해서 숲을 밀어 내고 질소가 포함된 비료를 많이 사용하게 되었지요. 하지만 질소 비료를 너무 많이 사용할 경우 물과 땅이 해를 입어 환경이 오염될 수 있어요.

어떻게 인간은 지구를 쓰레기장으로 만들었을까요?

과학의 발전 덕분에 인간은 플라스틱이나 살충제 같은 새로운 물질을 만들어 내는 데 성공했어요. 하지만 그런 물질은 땅에 사는 미생물들이 분해할 수 없다는 문제가 있어요. '생분해성'(물질이 미생물에 의해 분해되는 성질)이 없어 그대로 남아 있지요. 분해되지 않는 쓰레기로 뒤덮인 지구를 어떻게 구할 수 있을까요?

현대의 산업사회에서 살아가는 사람들은 여러 가지 환경오염 문제를 발생시키고 있어요.

고, 지구 전체의 인구는 하루에 약 17만 명씩 늘어났지요. 주변 마을들을 흡수한 도시는 점점 더 커지면서 연기와 먼지, 쓰레기 같은 오염 물질을 많이 만들어 냈고, 많은 양의 물과 전기를 사용하면서 에너지를 낭비하게 되었답니다.

왜 도시의 건물들은 독버섯과 같을까요?

산업혁명은 공장과 사무실 등 큰 건물들을 만들어 냈어요. 모든 것이 빠른 속도로 성장했

어머나!

환하게 불을 켜고 따뜻하게 난방을 하고 옷 입고 밥 먹으면서 살아가는 현대인들이 사용하는 에너지는 선사시대 사람들이 사용한 에너지의 70배에 달하는 양이라고 해요!

공기의 오염

- 우리가 매 순간 들이마시는 공기는 1,000km 두께의 기체층인 대기예요. 지구를 둘러싸고 있는 대기층은 지구를 보호하는 역할도 해요.

- 대기는 지구의 온도에 중요한 역할을 해요. 만약 대기가 없다면 지구의 평균 온도는 지금보다 섭씨 33도쯤 낮을 거예요.

- 지구를 오렌지만한 크기라고 가정한다면, 대기층은 얇은 포장지 정도의 두께라고 비유할 수 있어요.

- 우리가 살아가는 데 반드시 필요한 얇은 막인 오존층은 오늘날 오염으로 인해 위험한 상황에 놓여 있어요.

어떻게 인류가 공기를 오염시켰을까요?

바로 우리가 배출한 '공기'로 '공기'를 오염시켰어요! 인류가 배출한 질소와 탄소, 황, 메탄 등은 천연 상태에도 이미 존재하고 있어요. 하지만 그 양이 너무 많아졌기 때문에 원래의 적정한 비율이 파괴되었어요. 그것을 공기가 오염되었다고 해요.

어떻게 공기 오염이 환경에 영향을 미칠까요?

공기로 배출된 가스는 구름의 수분과 결합하여 산성 물질을 만들어 내요. 그로 인해 산성비가 내리면 식물을 해롭게 하거나 호수와 저수지 등을 오염시키지요. 오염된 먼지에는 납이나 수은 같은 독성 금속 물질이 들어 있어요. 그런 물질들이 비가 되어 내리면 땅속으로 침투하여 식물의 뿌리를 병들게 하지요.

주요 오염원들을 어떻게 부를까요?

'산화물'(산소와 다른 원소의 화합물)이라는 이름의 물질이 있어요. 독성 물질은 높은 온도로 가열하면 공기 중의 산소와 작용하면서 '산화'하게 돼요. 가장 문제가 되는 오염원들은 탄소 산화물과 질소 산화물로 자동차 엔진이나 공장 굴뚝, 난방 기구 등에서 나와요. 황산화물은 석탄을 사용하는 공장의 매연에서 나오지요. 또 아산화질소처럼 농업 비료에서 나오는 산화물도 있어요.

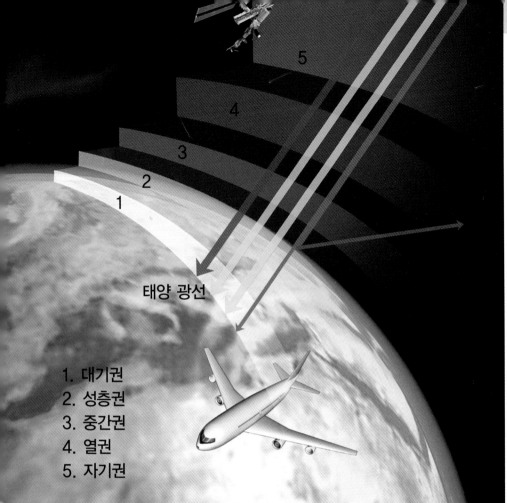

태양 광선

1. 대기권
2. 성층권
3. 중간권
4. 열권
5. 자기권

어떻게 오염 물질이 여행을 할까요?

오염 물질은 여행가가 따로 없을 정도로 전 세계를 돌아다녀요. 바람을 타고 이동하면서 처음 출발한 곳으로부터 아주 멀리 떨어진 곳까지 가기도 하지요. 일부 오염된 공기는 하늘 높이 올라가 지구 전체의 기후에 영향을 미치기도 해요.

왜 우리는 가끔 숨 쉬기 힘들다는 생각이 들까요?

모든 물질은 불에 타면 재가 남아요. 따라서 자동차의 가스 배출구나 공장의 굴뚝에서도 재가 나와요. 그 미세한 재는 공기 중에 떠돌다가 우리 폐에 들어와 기침을 유발해요.

어떻게 자연이 공기를 오염시킬 수 있을까요?

인간만큼은 아니지만 자연도 공기를 오염시킬 수 있어요. 예를 들면 화산 활동에서 나오는 유황이 그렇지요. 산불이 나서 나무가 지닌 탄소가 공기로 배출되는 경우도 마찬가지예요.

어머나 !
유럽의 대기오염은 65%가 자동차에 의한 것이에요.

숨이 막힐 듯한 도시들

- 도시는 지구 전체 비율의 1%밖에 되지 않아요. 하지만 지구 전체 인구의 절반 가까이가 도시에 살고 있어요.

- 선진국에서는 20여 년 전부터 꾸준히 노력해 온 결과, 도시가 아닌 지역의 오염 물질들을 많이 줄일 수 있었어요. 하지만 자동차의 영향 때문에 도시의 공기는 좋아지지 않았어요.

- 도시의 공기 오염은 대개 산화질소나 오존, 또 아주 미세한 먼지에 의한 것이에요.

왜 일부 도시들은 노란 먼지로 뒤덮일까요?

일부 오염 물질이 자외선과의 반응을 통해 더 큰 영향력을 갖기 때문이에요. 다른 물질과 결합하여 오존이라는 화합물을 만들어 내지요. 그 기체는 바람이 없고 날씨가 좋을 때 만들어지는데, 자동차나 공장에서 내뿜는 배기가스가 자외선과 화학반응을 일으켜 산화물질(오존)을 발생시켜요. 그렇게 만들어진 기체는 눈을 자극하고 기침이 나게 해요. 그러한 현상을 '광화학 스모그'라고 한답니다.

왜 파르테논 신전은 풍화가 일어났을까요?

오존 때문이에요. 그 기체는 돌을 부식시키고 조각과 비석의 껍질을 벗겨 내지요. 아테네는 분지에 위치하고 있어서

바람이 잘 불지 않기 때문에 세계적으로 공기가 나쁜 도시 중 하나로 꼽혀요. 그래서 오염 물질이 정체되면서 오존이 만들어져요.

어떻게 오염은 우리에게 영향을 미칠까요?

우리의 폐를 거쳐 가는 기체는 하루에 15,000리터쯤 되지요. 그래서 공기의 오염은 당연히 우리 몸에 심각한 영향을 끼쳐요. 도시에서는 기관지염이나 두통을 호소하는 사람들이 점점 더 많아지고, 천식이나 기침 환자도 늘어나고 있어요.

에 취 !

과학자들은 어떻게 공기의 질을 관리할까요?

공기를 관리하는 기관들이 있어요. 도시의 공기를 포집하여 오염 지수를 기록하기도 하고, 자연 상태 그대로 오염을 관찰하기도 하지요. 또 정원을 관찰하는 것만으로 오염 정도를 확인할 수 있는데, 버섯이나 해조류, 지의류 같은 식물들은 오염이 발생하면 더 이상 살아갈 수 없어요.

그냥 보기에는 깨끗한 것 같아도 아테네의 공기는 두꺼운 오염 물질로 덮여 있어서 귀중한 고대 그리스의 유물들이 상하고 있어요.

왜 아이들은 오염에 더 쉽게 노출될까요?

아이들의 폐는 민감하기 때문이에요. 또 아이들은 키가 작아서 자동차 배기구와 더 가까워 숨을 쉬면 더 많은 오염 물질을 들이마시게 되지요. 자동차의 휘발유는 독성이 있는 그을음을 만들어요. 전문가들은 그 물질이 아이들을 신경질적으로 만들고 집중력을 떨어뜨릴 뿐만 아니라 자동차가 많아질수록 암환자도 늘어난다고 해요. 불행하게도 우리가 생각하는 것보다 현실은 더 심각한지도 몰라요.

어머나!

1억 9천만 명 정도가 사는 멕시코에는 350만 대의 자동차와 1만 대의 버스, 8만 대의 택시, 25만 대의 승합차, 13만 개의 공장에서 1년에 11,000톤의 오염 물질을 배출하고 있어요. 도시 한복판에 있는 공항도 오염에 한몫을 하고 있지요.

온실효과

- 온실효과란 공기 중에 있는 일부 기체들이 투명한 유리처럼 지면을 둘러싸는 자연현상을 말해요. 마치 온실처럼 대기 안에 열기가 머무르게 하여 지구의 온도가 따뜻해지지요.

- 온실효과를 일으키는 가스에는 수증기와 이산화탄소, 메탄, 프레온가스 등이 있어요.

- 그런 기체들은 산업혁명 초기부터 지금까지 계속 증가하여 오늘날에는 우려할 만한 수준이 되었어요.

온실효과가 나타나기 이전에는……

왜 온실효과가 필요할까요?

온실효과가 없다면 지구의 평균 온도는 영하 20도쯤 떨어질 거예요. 그렇게 추웠더라면 지구의 물이 전부 다 얼어 버렸을 테지요. 온실효과 덕분에 지구의 평균 기온이 15도 정도에 머물고, 물도 순환할 수 있어요. 따뜻해야 물이 수증기가 될 수 있거든요. 온실효과는 지구의 생명에 결정적인 역할을 해요. 하지만 현재는 인구 증가와 산업화 때문에 온실 가스의 양이 너무 많이 늘고 온실효과 또한 지나쳐서 지구 온난화 현상이 진행되고 있어요.

그 이후……

어떻게 온실 가스가 만들어질까요?

주요 원인은 자동차와 공장, 농업, 난방, 정유 과정에서 나오는 배기 가스 때문이에요.

왜 탄소는 위험할까요?

인간은 활동하면서 대기 중에 많은 이산화탄소를 배출해요. 그런데도 지금까지 지구는 잘 견뎌 왔지요. 바다가 지나친 양의 이산화탄소를 차가운 물로 녹여서 흡수했거든요. 하지만 앞으로도 계속 이산화탄소를 배출한다면 푸른 지구가 붉게 변할지도 몰라요. 바다가 너무 뜨거워지면 더 이상 이산화탄소를 받아들일 수 없게 되고, 바닷물이 수증기가 되어 날아가 버릴지도 몰라요. 그러면 온실기체인 수증기의 양이 증가하여 온난화 현상은 더 심해질 테고 지구는 더 이상 견딜 수 없게 될 거예요.

온실 가스는 대기층 안에 태양열을 붙잡아 두어요.

탈취제와 프레온가스의 사용을 중단하는 거예요. 그렇다고 해서 지금 당장 우리 모두 채식주의자가 되거나 인력거를 타고 다닌다거나 한겨울에 난방을 하지 않고 견딜 수는 없겠지요. 그래서 많은 학자들이 오염을 줄이면서도 편안한 삶을 유지할 수 있는 방법을 찾기 위해 노력하고 있어요. 학자들뿐만 아니라 우리 모두가 노력해야 하는 일이에요.

키울수록 온실효과도 증가하게 된답니다.

어떻게 온실효과를 줄일 수 있을까요?

해결책은 목장의 소를 줄이고, 석탄과 석유의 사용을 줄이며, 삼림 파괴를 멈추고,

어떻게 소의 배설물이 온실효과를 일으킬까요?

소 한 마리는 매일 소화 과정을 통해 약 600리터의 메탄가스를 배출해요. 이 가스는 소의 위 속에서 풀이 발효하면서 발생하지요. 그래서 소를 많이

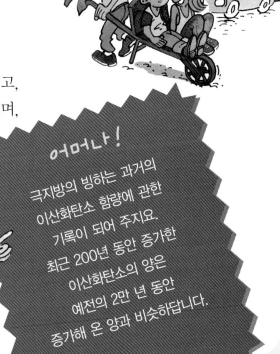

어머나!

극지방의 빙하는 과거의 이산화탄소 함량에 관한 기록이 되어 주지요. 최근 200년 동안 증가한 이산화탄소의 양은 예전의 2만 년 동안 증가해 온 양과 비슷하답니다.

오존층

오존은 산소에서 발생하는 기체예요. 오존은 12~40km 상공에서 얇은 층을 형성하고 있어요. 이 기체를 직접 마시는 것은 위험하지만, 하늘 높은 곳에서는 마치 우산처럼 우리를 보호해 준답니다. 오존층은 태양 광선 가운데 가장 해로운 자외선B를 걸러 내지요.

1979년, 과학자들은 오존층의 '구멍'을 발견했어요. 9월에서 11월 사이 남극 지방 상공에서였어요. 1985년에는 그런 현상이 지구에 또 다른 위험 요소로 알려지게 되었지요.

왜 구멍이 생길까요?

산소 원자 세 개가 결합한 형태인 오존은 불안정한 기체예요. 오존은 다른 오염 물질과 결합하면 원자를 잃고 사라져서 그 자리에 구멍이 생겨요.

왜 9월경 남극에 구멍이 나타날까요?

남극의 겨울은 매우 추워서 얼음 회오리가 높은 하늘에서 만들어져요. 산업화 이후 얼음 조각으로 만들어진 구름에 오염 물질이 섞여 있었는데, 태양 광선을 받아 그 물질과 만난 오존이 파괴되어 버렸어요.

왜 그 '구멍'은 진짜 구멍이 아닐까요?

'오존층'은 사실 확실히 구분되는 '층'이 아니에요. 오존은 기체 중에 널리 퍼져 있어요. 실제로 이 오존이 지구 표면에 모여 있다고 해도 그 두께는 겨우 3mm밖에 되지 않아요.

왜 프레온가스는 두려운 존재가 되었을까요?

프레온가스는 염소를 바탕으로 하여 만들어진 기체예요. 스프레이나 냉장고, 에어컨 등에 사용되지요. 프레온가스는 하늘 높이 올라가면 엄청난 파괴력을 가지게 돼요. 단 하나의 프레온가스 원자가 무려 10만 개의 오존 원자를 파괴할 수 있어요. 무시무시한 오존 사냥꾼인 셈이지요.

왜 오존 구멍은 다시 메워지는 데 시간이 걸릴까요?

1996년 프레온가스의 사용이 전 세계 160여 개국에서 금지

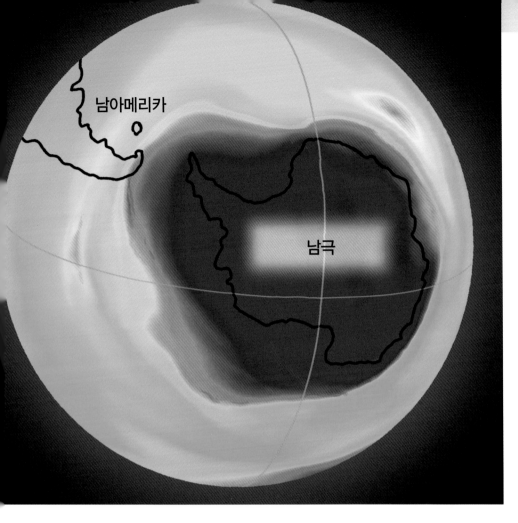

남아메리카

남극

왜 자외선은 그렇게 위험할까요?

자외선은 접촉하는 모든 것을 태워 버려요. 사람한테는 암을 유발할 수도 있고요. 또 자외선B는 광합성을 방해하여 식물의 생장을 막아요. 특히 플랑크톤에게 자외선B는 매우 치명적이에요. 따라서 자외선의 증가는 플랑크톤과 식물의 감소를 가져오고, 풀을 먹는 소들한테까지 영향을 미치게 되지요. 만약 오존이 사라진다면 사람들이 먹을 식량이 줄어들어 굶을 수도 있어요.

오존 농도

■ 농도 높음   ■ 농도 약함
■ 농도 보통   ■ 전혀 없음
■ 낮은 농도

는 데 10~50년가량 걸리기 때문에 아직까지 도달하지 않은 것들도 많이 있어요. 한번 상승한 프레온가스는 평균 60~120년을 머물고, 무려 200년 동안 머무는 경우도 있어요. 그래서 오존층은 마치 구멍 난 치즈 모양을 하고 있어요.

되었어요. 하지만 오존의 생성은 매우 오래 걸리기 때문에 금방 다시 채워질 수 없어요. 게다가 달팽이처럼 느린 프레온가스가 오존층까지 상승하

어머나!

오존이 점점 사라진다는 것은 오존층이 점점 더 옅어지는 것을 말해요. 남극의 오존은 이제 1mm밖에 남지 않았어요. 북극은 이미 30%가 감소한 상태로 40년 전 관측을 시작한 이래 최저치라고 해요.

기후변화

날이 맑거나 비 또는 눈이 내리는 등의 기후 변화는 태양의 영향을 받아요. 태양열이 바람의 움직임과 바다의 물결 등에 영향을 미치기 때문이에요. 지구의 기후가 간빙기나 빙하기로 바뀌는 현상도 태양열의 영향을 받기 때문이랍니다.

기상학자들은 20세기를 거치면서 지구의 온도가 상승한 사실을 밝혀냈어요. 높아진 온도 때문에 빙하가 녹으면서 해수면도 상승했지요. 그래서 이전보다 더 많은 이상기후 현상이 발생하는 것이 아닌지 지금도 연구가 계속되고 있어요.

어떻게 한 꼬마가 기후를 혼란시킬까요?

그 꼬마는 바로 이상기후 현상 중 하나인 '엘니뇨'예요. 스페인어로 '남자 아이'라는 뜻의 엘니뇨는 남아메리카 열대지방의 서해안을 따라 흐르는 바닷물이 5년을 주기로 유난히 따뜻해지는 이례적인 현상을 말하지요. 그런 현상은 남아메리카 전체에 엄청난 폭우를 내려 어업과 농업에 피해를 줄 뿐만 아니라 태평양의 적도 지방과 때로는 아시아와 북아메리카까지도 폭넓게 기상이변을 일으켜요. 엘니뇨는 점점 더 자주 찾아오고 있어요.

왜 태풍에 대비해야 할까요?

북태평양에서 발생하는 강력한 태풍이 자주 아시아를 찾고 있어요. 2003년 9월에는 우리나라 기상 관측 이래 가장 강력한 태풍 '매미'로 인해 부산과 마산 지역이 엄청난 피해를 입었어요. 그때 순간 풍속은 60m/s를 기록했어요.

왜 태풍은 전보다 더 자주 발생할까요?

사이클론이라고도 하는 이 현상은 바다의 수온이 27도까지 상승하면 발생해요. 바닷물이 증발하여 수증기를 머금은 엄청난 양의 구름을 생성하고, 그 구름이 하늘에서 차가운 공기와 만나 거대한 나선형 모양으로 회전하면서 비와 바람을 만들어 내지요. 그런 다음 해안가로 이동하면서 통과하는 모든 곳을 파괴한답니다. 온실효과로 인해 수온이 높아지면 태풍은 더 자주 발생할 거예요.

왜 빙하는 점점 더 날씬해질까요?

그 이유는 섭씨 0.6도의 기온 상승을 가져온 지나친 온실효과 때문이에요. 0.6도쯤 별것 아니라고 생각할지 모르지만, 그것은 평균온도만 말한 것이어서 지역에 따라 엄청난 변화가 일어날 수도 있어요. 예를 들어 6,500만 년 전 지구의 날씨는 매우 따뜻해서 극지방에서도 바나나가 자랄 정도였어요. 오늘날에는 남극과 북극뿐만 아니라 알프스까지 모든 지역의 빙하가 줄어들고 있어요.

왜 기온이 올라갈수록 걱정도 많아질까요?

기상학자들의 조사에 따르면 1990년은 유럽에 천 년 만에 최악의 더위가 찾아온 해였어요. 하지만 2003년에 그 기록이 다시 깨졌지요. 폭염은 전 유럽에 걸쳐 나타났고, 특히

1999년 12월 26일과 28일, 태풍 로타르와 마틴은 단 48시간 만에 약 1억 그루의 나무를 파괴했어요.

남부 유럽에서는 대규모의 산불이 일어났으며, 더위로 인해 많은 사람이 목숨을 잃었어요. 전 세계적으로 해마다 더위가 점점 더 심해지고, 피해도 커지고 있어요.

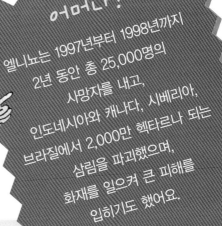

어머나!

엘니뇨는 1997년부터 1998년까지 2년 동안 총 25,000명의 사망자를 내고, 인도네시아와 캐나다, 시베리아, 브라질에서 2,000만 헥타르나 되는 삼림을 파괴했으며, 화재를 일으켜 큰 피해를 입히기도 했어요.

물의 오염

- 44억 년 전부터 지구에 존재하는 물의 양은 모두 14억km³로 지금과 같았어요. 그 가운데 약 97.2%가 바닷물이고, 민물은 약 2.8%인데 그중 약 0.03%만이 인간이 사용할 수 있는 물이에요. 즉 민물은 한정된 자원이기 때문에 깨끗하게 보존해야만 지구의 생명체들이 잘 살아갈 수 있어요.

- 물은 순환 과정을 통해 정화되지요. 하지만 물에 독성이 들어 있거나 오염 물질이 너무 많으면 물이 스스로 그것을 모두 정화할 수는 없어요. 그래서 물이 오염되는 거예요.

어떻게 비가 물을 오염시킬까요?

비가 내리면 공기 중에 있는 오염 물질이나 지붕의 독성 금속 물질들, 쓰레기에서 나오는 갖가지 나쁜 물질들, 그리고 비료나 농약 성분들이 비에 쓸려 내려가 강물로 흘러들어가지요. 그리고 지하수층에 침투하여 그곳까지 독성 물질을 이동시키기도 해요.

어떻게 설거지한 물이 강까지 이동할까요?

가장 상황이 나은 유럽에서는 설거지를 하거나 목욕한 뒤에 나오는 오염된 물 가운데 45%가 정화 시설을 거쳐 자연 상태로 돌아가요. 하지만 나머지 오염된 물은 정화 시설을 거치지 않고 곧장 강이나 바다로 흘러가지요.

어떻게 물은 스스로 정화할까요?

물은 아주 미세한 박테리아를 가지고 있어서 오염된 물질들을 미네랄 형태로 만들어 플랑크톤에게 먹이로 제공해요. 그 플랑크톤이 물고기의 먹이가 되지요. 박테리아가 분해할 수 있는 오염 물질이 적당히 있을 때는 물속 생물들의 먹이가 되지만, 분해할 수 없는 중금속이나 오염 물질이 너무 많으면 또 다른 문제가 생겨요.

왜 공장들이
물을 더럽힐까요?

일부 공장에서는 위험성이 있는 물질들을 사용해요. 그리고 작업이 모두 끝나면 그 쓰레기를 강물에 내버려요. 특히 종이를 만드는 공장에서는 많은 오염 물질이 나와요. 또한 원자력발전소는 냉각을 위해 바닷물을 사용하고 나서 뜨거워진 물을 그대로 내보내지요. 그런 나쁜 상황들을 물고기가 모두 견뎌야 하는 거예요.

수질오염이 눈에 띄는 변화를 가져오기도 하지만, 그보다 눈에 보이지 않는 오염이 훨씬 더 많아요.

더 농도가 진해지지요. 그것을 생물축적이라고 해요. 생선이 독약을 품고 있는 셈이지요. 그래서 요즘은 많이 오염된 강과 바다에서는 고기잡이가 금지되기도 해요.

왜 수질오염이 우리가
먹는 것으로 이어질까요?

강물의 오염 정도는 그리 심각하지 않을지도 몰라요. 하지만 강물로 흘러든 오염 물질이 플랑크톤과 그것을 먹고 사는 작은 물고기를 거쳐 우리가 먹는 큰 생선으로 이동하면서 점점

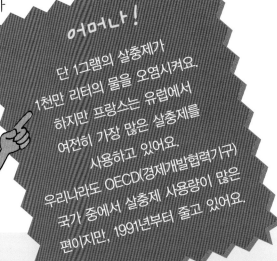

어머나!

단 1그램의 살충제가 1천만 리터의 물을 오염시켜요. 하지만 프랑스는 유럽에서 여전히 가장 많은 살충제를 사용하고 있어요. 우리나라도 OECD(경제개발협력기구) 국가 중에서 살충제 사용량이 많은 편이지만, 1991년부터 줄고 있어요.

강과 하천

어떻게 비눗물이 오리를 물에 빠뜨릴까요?

강과 하천으로 흘러드는 오염된 물에는 많은 양의 세제가 포함되어 있어요. 그것이 방수되는 오리의 깃털에 닿으면 물이 스며들게 되지요. 그래서 물을 먹은 깃털이 무거워진 오리는 물에 빠지기도 해요. 물거미도 세제 때문에 더 이상 물 위를 걷지 못하고 물에 빠지고 말아요. 강물은 거품 목욕탕이 아닌데 말이에요!

왜 요구르트는 물고기에게 좋지 않을까요?

우유나 치즈 등을 생산하는 식료품 공장에서는 제품을 생산하고 남은 재료를 강물에 흘려보내요. 그것은 물고기나 수생 박테리아들에게 좋은 먹이가 되지요. 하지만 문제는 박테리아가 많은 양의 산소를 필요로

한다는 점이에요. 우유가 많이 버려질수록 박테리아의 수가 많아지고, 그 때문에 강물 속의 산소가 적어져서 질식하는 물고기들이 늘어나지요. 우리는 맛있게 마시는 우유지만, 강물에 그냥 버리면 물고기가 떼죽음을 당할 수 있어요.

왜 강은 오염과 싸워야 할까요?

해조류와 박테리아가 산소를 모두 소비해서 물고기가 숨을 쉴 수 없게 된 강은 오염된 거예요. 그 문제를 해결하는 데는 폭포가 큰 역할을 해요. 폭포는 바위틈으로 소용돌이를 일으켜서 산소를 다시 생산해 낸답니다.

왜 하루살이가 깨끗한 물을 상징할까요?

하루살이는 5월쯤 강가에 나타나 무리를 지어 날아다녀요. 하루살이의 유충은 아주 예민해서 오염된 물에서는 살지 못해요. 그래서 하루살이가 있는 강물은 건강한 상태를 유지하고 있음을 뜻하지요.

왜 우리는 더 이상 물총새를 볼 수 없을까요?

물총새는 환경오염의 첫 번째 희생양이에요. 물총새의 약한

대부분 물고기가 아닌 지렁이나 유충 같은 것들이지요. 그들은 튜브 역할을 하는 관을 물 밖으로 내밀어 숨을 쉬기 때문에 오염에도 잘 견딜 수 있어요.

왜 일부 물고기들은 오염에 더 강할까요?

다른 물고기들과는 달리 잉어나 금붕어는 오염에도 끄떡없이 견딜 수 있어요. 일부 물고기는 탁한 물속에서도 잘 살아가지요.

이 강물은 비료로 인해 오염되었어요. 해조류가 비정상적으로 번식하여 다른 생물들에게 햇빛과 산소가 공급되는 것을 막고 있지요.

신체 기관은 수은이나 납 같은 성분을 견디지 못했어요. 그런 물질들이 물총새의 먹이인 물고기에 들어 있어서 죽음을 당했지요.

물을 설치하여 어장이 어떻게 형성되어 있는지 조사해요. 조사 결과 오염에 강한 일부 생물종이 발견되었어요.

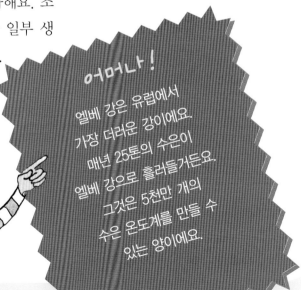

어떻게 흐르는 물의 오염을 알 수 있을까요?

환경학자들은 흐르는 물에 그

어머나!

엘베 강은 유럽에서 가장 더러운 강이에요. 매년 25톤의 수은이 엘베 강으로 흘러들거든요. 그것은 5천만 개의 수은 온도계를 만들 수 있는 양이에요.

호수와 연못

왜 스칸디나비아의 호수는 그렇게 푸를까요?

스칸디나비아의 호수들은 산성비에 오염되어서 플랑크톤이나 물고기들이 살지 못해요. 그래서 물속이 텅 비어 있어 호수가 푸른색을 띠고 투명하게 보이지요. 오염 물질을 머금은 빗물은 식초 정도의 산성을 띠어 비가 내리면 호수도 그만큼 산성화되지요.

어떻게 산성화된 호수를 다시 생명체가 살 만한 곳으로 바꿀까요?

환경학자들은 물의 산성도를 측정하는 도구를 사용해요. 산성도가 높은 물을 발견하면 그것을 낮추기 위해 많은 양의 석회를 트럭으로 실어오지요. 그 가루는 염기성을 띠고 있어 산성도를 조절해 준답니다.

어떻게 호수가 줄어들까요?

호수의 아주 깊은 곳은 햇빛이 닿지 못해요. 그런 곳에서는 식물조차 살 수 없어요. 그런데 오늘날에는 비료에 의한 오염 때문에 그곳에서도 해조류가 자라고 있어요. 해조류가 바닥을 채우면 호수는 연못으로 변하기도 해요.

왜 연못이 숲이 될까요?

연못은 작은 호수라고 할 수 있어요. 햇빛이 사방으로 퍼지는 연못에서는 전체적으로 식물이 자라요. 그 때문에 생물이 점점 많아져서 연못은 늪이 되고 결국 숲으로 변하지요. 자연 숲은 모두 그렇게 만들어졌어요. 매우 자연스러운 과정이에요. 하지만 오염이 그 과정을 빠르게 만드는 것이 문제랍니다.

어떻게 연못의 상태가 나쁜지 알 수 있을까요?

연못가의 돌을 보면 연못의 상태를 알 수 있어요. 만약 돌멩이의 색깔이 초록색이라면 좋은 신호예요. 하지만 돌멩이가 갈색으로 끈적끈적하고 물에 가느다란 초록색 실 같은 것이 떠다니면, 연못이 건강하지 못하다는 뜻이에요. 연못이 죽어가고 있는 거예요.

왜 나비의 유충이 행복을 불러올까요?

나비의 유충은 깊은 물속에서 살아요. 오염을 잘 견디지 못하는 나비의 유충이 살면 물이 아주 깨끗하다는 뜻이에요.

왜 습지는 보호구역이 많을까요?

습지는 물이 순환하는 데 걸리는 시간이 길어요. 그런 녹지 주변에 산업체들이 위치하는 경우가 많기 때문에 항상 오염에 노출되어 있지요. 습지는 동물들 역시 많이 찾는 곳이에요. 곤충도 많기 때문에 그것을 먹고 사는 새들도 모여들어요. 그래서 정부에서는 습지를 보호구역으로 지정하고 있어요.

호수는 고여 있기 때문에 오염되기 쉬워요. 이 사진은 철광으로 인해 오염된 호수의 모습이에요.

동차 먼지에 오염된 물이 흘러 들어오면 정화하여 강으로 내보내는 역할도 해요.

어떻게 늪이 중요한 역할을 할까요?

늪은 비가 오면 물을 저장하고 날씨가 좋으면 물을 발산하는 분지를 말해요. 늪은 숲에 사는 동물들에게 마실 물을 제공하는 중요한 곳이지요. 도로 가까이 있는 늪은 휘발유나 자

어머나!

1980년대에 캐나다 온타리오 주 호수의 절반 이상이 산성도가 높아서 물고기들이 살 수 없는 곳이 되었어요. 현재 스웨덴은 호수의 20%가 물고기들이 살지 못할 정도로 산성을 띠고 있어요. 그런 현상은 화력발전소와 공장에서 나오는 유독 가스의 때문이에요.

바다의 오염

그동안 사람들은 바다가 굉장히 넓기 때문에 오염의 영향을 받지 않을 것이라고 생각했어요. 그래서 바다를 마치 커다란 쓰레기통처럼 여겼지요.

현재 바다는 이전보다는 잘 보호되지만, 오염은 여전히 존재해요. 바다가 오염된 원인 중 77%는 비료나 화학물질 등 오염 물질을 포함한 강물이 바다로 흘러들었기 때문이고, 12%는 유조선 같은 선박 때문이며, 10%는 무심코 버려진 쓰레기들 때문이에요.

왜 녹조가 발생할까요?

물에 녹아든 비료 때문에 해조류가 지나치게 번성하고 파도에 밀려 해변까지 도달해요. 그러면 바다는 해조류가 지배하는 곳이 되어 다른 생물들이 살아 갈 공간이 줄어들지요. 해조류 투성이인 바다에서는 해수욕하기도 어려워요.

왜 바다에서는 오염이 줄지 않을까요?

진흙에 자리잡은 오염 물질은 진흙을 독성으로 만들어요. 플랑크톤 같은 작은 생물들은 그런 진흙을 먹고 독성을 갖게 되지요. 그뿐 아니라 해조류도 바로 그런 진흙에서 자라요. 조개나 불가사리는 해조류와 플랑크톤을 잡아먹음으로써 오염 물질을 전달받아요.

어떻게 비닐봉지가 고래를 죽게 할까요?

고래나 바다거북은 물속을 둥둥 떠다니는 비닐봉지를 해파리로 착각하여 삼키기도 해요. 그 때문에 고래가 질식해서 죽을 수 있어요.

왜 커다란 선박들이 바닷물을 더럽힐까요?

바다를 항해하는 선박의 표면과 화물칸 쪽에는 특수한 페인트가 칠해져 있어요. 그것은 선박의 표면에서 조개나 해조류가 자라는 것을 막아 주지요. 하지만 그런 물질이 조개한테 특수한 반응을 일으킨다는 사실이 밝혀졌어요. 예를 들어 조개가 번식하지 못하게 되거나 기형이 될 수도 있어요.

훌쩍!

!?

비료에 오염된 강물은 바다로 흘러들어 해조류를 자라게 하여 해안가까지 영향을 미쳐요.

왜 육지 주변의 바다가 더 오염되었을까요?

육지 주변의 바닷물은 거의 가두어진 상태나 다름없어 순환하는 데 오랜 시간이 걸려요. 유럽의 바다는 지구상에서 가장 심하게 오염되었어요. 휴가철에 바다를 찾은 사람들이 버리고 간 쓰레기와 몰래 버린 폐기물이 바다를 더럽게 만들었지요.

어떻게 바다에 '눈'이 내릴까요?

죽은 플랑크톤은 분해되면서 거품처럼 해수면으로 떠올라요. 그리고는 해안가로 떠내려오지요. 그 거품을 '바다의 눈'이라고 불러요.

왜 디디티(DDT) 때문에 펠리컨 알이 깨질까요?

디디티는 과거에 사용하던 살충제의 하나예요. 그것이 빗물에 섞여 강이나 바다로 흘러들어 끔찍한 결과를 가져왔어요. 오염된 물에서 자란 물고기를 먹은 펠리컨들이 낳은 알의 껍데기가 너무 얇아 부화하기도 전에 깨져 버리는 거예요. 지금은 사용이 금지되었지만, 전에 사용한 것이 앞으로도 수십 년간 영향을 미칠 거예요.

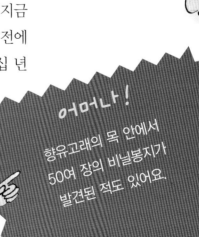

어머나!
향유고래의 목 안에서 50여 장의 비닐봉지가 발견된 적도 있어요.

검은 물결

● 매년 15억 톤의 석유가 만든 지 20년도 넘은 배에 실려 바다를 건너요. 그렇게 오래된 배를 '할아버지 유조선'이라고 부르지요. 그런데 다른 많은 엄격한 법규와는 달리 그에 관한 법규는 제대로 마련되어 있지 않아요.

● 2007년 12월 7일 우리나라 서해안에서 유조선 허베이 스피리트 호와 선박이 충돌하여 기름이 유출되는 사건이 있었어요. 그 때문에 오염된 태안 지역의 해양 생태계가 복귀되려면 100년 이상 걸려요. 2010년 4월에는 '미국 멕시코 원유 유출 사고'로 6,500km²의 바다가 기름띠로 뒤덮였고, 한 달 만에 한반도보다 더 넓게 퍼졌어요.

어떻게 석유가 바다에 계속 남아 있을까요?

바다에 유출된 석유 가운데 일부는 바로 공기 중으로 휘발되지요. 하지만 대부분은 매우 빠른 속도로 물 위를 떠다니며 파도에 의해 초콜릿 무스처럼 변해요. 그것이 뭉치면 야구공 크기의 끈적거리는 타르 덩어리가 되어 바다 속으로 가라앉아요.

어떻게 석유가 동물들에게 영향을 미칠까요?

석유층 아래에서는 플랑크톤의 활동이 약해져요. 또한 물 속으로 가라앉은 타르는 해조류와 플랑크톤을 오염시켜서 그것을 먹고 사는 조개와 불가사리들이 살 수 없게 만들지요. 해수면에서 물고기를 잡아 먹는 새들 역시 기름에 뒤덮여 죽게 돼요. 그나마 다 자란 물고기들이 입는 피해가 가장 적어요. 기름을 삼키는 것을 피할 수 있다면 말이에요.

어떻게 바다를 청소할까요?

우선 기름이 쏟아진 지역을 부표로 둘러싸고 화학물질로 막아요. 그리고 나서 오염된 물을 펌프로 퍼내거나 잠수부들이 나무와 짚, 스펀지 같은 것을 이용하여 흡수하지요. 하지만 그와 같은 작업을 통해 제거할 수 있는 석유의 양은 그리 많지 않아요.

기름 유출 사건으로 인해 바다에서 화재가 발생했어요. 12km² 정도의 면적에 1톤의 기름이 퍼졌지요. 무려 축구장의 17배에 해당하는 넓이예요.

그래서 사람들은 몇 시간 안에 기름을 분해할 수 있도록 박테리아의 수를 증가시키는 특수한 약품을 물에 뿌려요. 하지만 그것은 또 다른 위험을 가져올 수 있어요. 그래서 오늘날 과학자들은 자연스럽게 분해될 때까지 시간을 두고 기다리는 것이 더 나은 방법인지 계속 연구하고 있어요.

어떻게 석유가 스스로 없어지기도 할까요?

석유는 자연적으로 만들어진 물질이기 때문에 스스로 분해되기도 해요. 또 바다에 있는 박테리아가 석유를 먹기도 하지요. 하지만 아주 오랜 시간이 걸리는 일이에요.

어떻게 해변을 닦을까요?

모래사장이 있는 해변에는 많은 양의 기름이 남아 있어요. 그래서 갈퀴로 모래를 긁어내지요. 타르로 뒤덮인 자갈은 한 개씩 손으로 닦아 내는 것 말고 달리 방법이 없어요.

어머나!

500km의 해안이 기름으로 오염된 에리카 유조선 사건은 바다에 사는 새들을 비롯하여 약 30만 마리나 되는 64종의 생물들의 생명을 앗아갔어요. 그 사건은 새들에게 가장 끔찍한 참사로 기억될 거예요.

흙의 오염

- 흙은 오염에 매우 약해요. 영원히 사용되고, 재생도 느리기 때문이지요. 흙은 지구상의 식물과 동물들의 상호 작용과 분해 과정을 통해 암석이 풍화되어 만들어져요.

- 유기물질과 부식토가 많고 촉촉한 땅을 비옥하다고 해요. 부식토는 동물의 사체나 식물의 잔해가 분해되어 생기는 검은 흙을 말하지요.

- 인류는 수백 년 전부터 흙을 지나치게 사용해 왔어요. 현대적인 기술이 발달하면서 오염이 심해지고 약해진 흙은 더 이상 생명 활동을 할 수 없게 되지요.

왜 흙이 메마르게 될까요?

같은 땅에다 같은 종류의 농작물만 계속 심거나 땅이 쉴 틈을 주지 않으면 흙 속의 영양분이 모두 소진되고 말아요. 부식토가 다시 만들어질 새도 없이 영양분이 계속 식물에 흡수되기만 하니까요.

어떻게 두더지가 밭에 도움이 될까요?

두더지는 농사에 해로운 벌레들을 잡아먹고 굴을 파고 돌아다니면서 땅속에 공기가 통하게 해 주어요. 한마디로 작은 농부인 셈이에요. 하지만 농부들은 두더지가 농작물의 뿌리를 파먹기도 하고 그들이 파 놓은 구멍에 소의 발굽이 낄 수 있다는 이유로 두더지를 반기지 않아요. 오히려 잡으려고 하지요.

어떻게 물이 흙을 청소해 줄까요?

빗물이 땅속을 흐르면서 부식토를 만들어요. 빗물 자체에 이로운 유기물질이 들어 있기도 하지요. 하지만 경작지를 넓히기 위해 나무와 풀을 베어 버리고 무거운 농기계를 많이 사용할수록 땅속으로 스며드는 물의 양이 적어져요. 오히려 물이 흙을 씻어 내면서 영양분을 감소시키지요.

요즘에는 트랙터나 헬리콥터를 사용해 밭에 농약을 뿌리기도 해요.

지나치게 많이 재배하는 바람에 황무지가 되고 말았지요. 요즘은 건조하고 자갈이 많아서 사막으로 변할 우려가 있는 땅이 되었답니다.

왜 공기가 오염되면 땅도 영향을 받을까요?

모든 오염 물질이 비나 먼지 상태로 땅에 스며들기 때문이에요. 그 결과 토양이 산성화되어 흙에 사는 생명체들에게 해를 끼쳐 흙의 분해를 느리게 함으로써 아무것도 살 수 없게 되지요.

꽃들도 살충제 때문에 점점 사라지고 있어요.

어떻게 살충제가 흙을 빈약하게 만들까요?

살충제에는 독성 금속 물질이 들어 있어 해로운 풀이나 해충을 죽일 수 있어요. 하지만 그와 동시에 벌과 무당벌레, 지렁이, 버섯 같은 흙에 이로운 것까지 살 수 없게 만들지요. 그리고 독성 물질에 오염된 곤충이나 식물을 먹이로 하는 메추라기와 제비 등도 죽게 만들어요. 개양귀비나 국화 같은

왜 땅이 황무지로 변할까요?

과거에 지중해 주변은 풀로 뒤덮인 비옥한 땅이었어요. 하지만 잠두와 렌즈콩을

어머나!

지나친 경작으로 인해 매년 240억 톤의 부식토가 사라지고 있어요. 그것은 오스트레일리아 전체의 농토를 농사 지을 수 있는 양이에요.

온대림의 위기

온대림은 전 세계적으로 유럽과 북아메리카, 중국 등에 넓게 분포하고 있어요. 가을이면 낙엽이 지는 활엽수가 많고 침엽수도 섞여 있지요. 그런 숲에는 200여 종의 나무와 다양한 동물들이 살고 있어요.

온대림은 수백 년 전부터 파괴되어 왔어요. 사람들이 땔감으로 사용하거나 가구와 종이를 만들기 위해 수많은 나무를 베었기 때문이에요. 유럽의 중세 시대에는 숲이 지금의 세 배쯤 더 넓었어요.

왜 비가 숲을 파괴할까요?

환경 오염으로 인해 비는 식초 정도의 산성을 띠게 되었어요. 산성비가 숲에 내리면 나뭇잎이 노랗게 변해 떨어지지요. 그러면 나무는 꼭대기부터 대머리가 되고, 어린나무들은 제대로 자라지 못해 나뭇잎도 없이 헐벗은 상태로 다른 나무들의 그늘에 가려지지요. 산림보호를 위해 애쓰는 사람들은 그런 나무들을 '보이지 않는 나무', 즉 유령나무라고 해요.

왜 어떤 숲에는 모두 같은 나무밖에 없을까요?

숲 전체에 한 종류의 나무를 심었기 때문이에요. 벌목하기 쉽게 둥치가 똑바로 잘 자라는 나무를 일정한 간격으로 나란히 심었거든요. 하지만 숲은 나무의 종류가 적을수록 병충해에 더 취약해져요.

어떻게 오염이 나무에게 피해를 줄까요?

나무 잎사귀는 방수가 되는 얇은 보호막으로 덮여 있어요. 하지만 산성비는 이 보호막을 파괴하여 나무가 더 많이 호흡하게 만들지요. 그러면 나무는 너무 많은 수분을 잃어버리고 결국 마르게 돼요. 비가 내리는 날인데도 말이에요.

산성비는 나무의 천연 보호막을 상하게 하여 나무를 건조하게 만들고 결국 죽음에 이르게 해요.

왜 유럽의 숲은 사라지지 않았을까요?

17세기와 18세기를 지나면서 숲은 엄청나게 파괴되었어요. 루이 14세 때의 프랑스는 전쟁 때문에 배를 만들 목재가 필요했고, 그만큼 나무를 많이 베었지요. 하지만 20세기 초부터 다시 나무를 심기 시작했어요. 그래서 숲은 매년 1%씩 커지고 있어요. 반면에 우리나라는 최근 30년 동안 숲이 3% 정도 줄었어요.

숲이 파괴되는 또 다른 이유가 있을 것이라는 의견을 내놓고 있지요. 지구 온난화가 나무한테 스트레스를 주고, 수은이나 납 성분 등이 뿌리를 오염시켰다는 거예요. 결국 환경오염이 가장 문제랍니다.

어떻게 산성비의 악영향에 대해 알게 되었을까요?

1980년대부터 산성비의 해로운 점이 계속 이야기되어 왔어요. 하지만 오늘날 전문가들은

어머나!

세계적으로 넓기로 유명한 캐나다 숲의 면적은 415만km²나 되지요. 하지만 그 가운데 절반은 어린나무들이어서 기생충과 화재를 조심해야 해요.

삼림 파괴

- 열대림에 살고 있는 생물종은 온대림에 비해 열 배나 더 다양해요. 열대림은 지구 면적의 7%만을 차지하지만, 지구상에 존재하는 생물종의 50%가 그곳에 살고 있지요. 그런데 몇 년 전부터 열대림에 위기가 찾아왔어요. 3분마다 1km²의 열대림이 파괴되고 있답니다. 이대로 가다가는 3년 만에 프랑스 크기만 한 열대림이 까까머리로 변하게 될 거예요.

- 산림이 이렇듯 빠른 속도로 파괴되는 것은 지나친 산림 벌채 때문이에요. 과학자들은 당장 그 속도를 늦추지 않으면 40년 뒤에는 숲이 모두 사라질 것이라고 경고하고 있어요.

왜 열대림의 나무를 베어 버릴까요?

열대림의 대부분은 인구가 급증하고 있는 가난한 나라에 분포해 있어요. 사람들은 농사지을 땅을 마련하고 목축을 하기 위해 숲을 없애고 있지요. 나무를 베는 이유의 60% 정도는 땔감으로 사용하기 위해서예요. 그것이 산림 파괴의 가장 큰 원인이에요.

어떻게 목재 가구에서 꽃이 필까요?

열대림에는 티크와 마호가니처럼 고급 목재로 사랑받는 나무들이 자라고 있어요. 유럽에서는 그런 나무들을 보호하기 위해 환경을 생각하면서 벌목한다는 뜻의 표시가 만들어졌어요. 그렇게 생산된 목재 가구에는 꽃 모양의 로고가 새겨져 있답니다.

왜 나무가 쓸모없이 쓰러질까요?

벌목업자들은 고급 목재를 찾아 숲을 돌아다닐 때 쉽게 이동할 수 있는 길을 만들려고 수많은 나무를 베어요. 나무를 사용할 것도 아니면서 말이에요. 그렇게 마구 잘린 나무들은 쓰러지면서 주변 나무를 상하게도 하고, 쓸모 있게 사용되지도 못한 채 결국 썩어 버리지요. 생각 없는 사람들의 무분별한 행위로 소중한 나무들을 잃는 거예요.

지나친 산림 벌채는 그 지역 자연의 균형을 깨뜨려요. 벌채 작업이 끝나면 아름다운 숲의 풍경도 함께 사라져 버리지요.

어떻게 숲이 연기가 되어 사라질까요?

화전민들은 비가 오지 않는 건기 동안 밭에 불을 놓는데 그것이 큰 화재로 번지기도 해요. 숲이 우거진 정글에서 일어난 화재는 걷잡을 수 없이 퍼져 몇 달 동안 계속되기도 하지요. 1982년 보르네오에서 일어난 화재는 무려 370만 헥타르의 숲이 파괴되는 엄청난 피해를 남겼어요.

의 곡식을 수확하지 못해요. 개간한 지 2~3년 동안은 거의 아무것도 수확하지 못하지요. 그래서 농부들은 더 깊은 숲으로 땅을 개간하러 들어가고, 그렇게 점점 숲을 갉아먹게 된답니다.

아마존은 어때?

꺼!···

왜 열대림의 흙은 그리 비옥하지 않을까요?

열대림의 거대하고 무수히 많은 나무들이 모두 흙에서 영양분을 흡수하기 때문에 땅속에는 영양분이 거의 남아 있지 않아요. 그래서 숲을 개간하여 농사를 짓는 농부들은 많은 양

어머나!

아마존을 개간한 땅은 너무 척박해서 풀도 잘 자라지 않아요. 소 한 마리가 일 년 동안 풀을 뜯어 먹으려면 6.5헥타르의 땅이 필요해요. 그것은 노르망디의 12배에 해당하는 넓이예요.

왜 햄버거 한 개를 먹을 때마다 나무 한 그루가 없어질까요?

아마존 지역에는 다국적기업들이 소유한 토지가 많아요. 다국적기업들은 나무를 베어 내고 그 자리에 대규모 목장을 지어요. 그렇게 생산된 고기가 미국이나 유럽에서 팔리고 있지요. 115g의 스테이크 한 개는 17㎡만큼의 숲이 베어진 것을 뜻해요. 어때요, 소화가 잘 되나요?

왜 산림 벌채는 열대림만의 문제가 아닐까요?

다른 산림들도 또 다른 종류의 고통을 겪고 있어요. 특히 지중해 지역은 매년 많은 면적이 산불로 파괴되고 있지요. 방화범의 짓이거나 사람들의 부주의로 일어나는 사고 때문이에요. 지중해는 아프리카와 가까워서 고온 건조한 바람의 영향으로 작은 불씨 하나가 큰 화재로 번질 수 있어요.

어떻게 황금이 숲을 파괴할까요?

몇몇 열대우림에는 금맥이 묻혀 있어요. 사람들은 금을 채굴하기 위해 숲을 밀어 내고 광산을 개발해요. 그뿐만 아니라 거대한 기계가 숲을 헤집고 돌아다니며 나무를 마구 쓰러뜨려요. 또한 금을 분리할 때 사용되는 납은 식물과 동물에 중독 현상을 일으키기도 해요.

어떻게 산림 벌채가 대재앙을 가져올까요?

비가 많이 내리면, 흙이 젖어서 땅이 약해져요. 그럴 때 나무는 흙이 떠내려가지 않도록 지지해 주는 역할을 하지요. 만약 흙을 지지할 나무가 없는 개간한 땅이나 산림 벌채가 심한 숲에 비가 많이 오면 산사태가 일어나기도 해요. 히말라야 산맥 경사면의 나무를 벌채한 뒤 방글라데시에 홍수가 잦아졌는데, 그 원인은 나무가 빗물을 흡수했다가 천천히 내보내는 역할도 해 주기 때문이에요.

어떻게 산림 파괴가 온실효과를 심화시킬까요?

나무가 잘 자라기 위해서는 많은 양의 이산화탄소가 필요해요. 그러니까 한창 자라고 있는 나무를 베어 버리면 많은 양의 이산화탄소가 그만큼 흡수되지 못해요. 온실효과의 주범인 이산화탄소가 공기 중에서 사라지는 것을 방해하는 거예요. 또한 베어 낸 나무는 주로 불태우는데, 그 과정에서도

아마존의 숲 1헥타르에는 500여 종의 다양한 생명체들이 살고 있어요. 그러니까 산림을 파괴하는 일은 생명체의 다양성을 잃어버리는 거예요.

어떻게 열대우림을 살리기 위해 노력하고 있을까요?

열대우림에서 나는 고급 목재의 소비자 가운데 하나인 유럽 정부와 공공 기관들은 소비를 줄이기 위해 노력하고 있어요. 예를 들어 프랑스에서는 철길에 놓는 목재를 이전보다 절반가량 절약하고 있어요.

나무에 흡수되어 있던 많은 양의 이산화탄소가 다시 공기 중으로 나오게 돼요.

불을 쉽게 번지게 하기 때문에 없애는 것이 좋아요. 예전에는 가시덤불이 화전민들의 난방 연료나 염소들의 먹이로 이용되었어요. 염소들이 훌륭한 소방관 역할을 한 셈이지요. 그래서 오늘날 유럽의 남부 지방에서는 다시 염소를 방목하고 있어요.

어떻게 산불을 막을 수 있을까요?

가시덤불로 덮인 묘목들이 잘 자랄 수 있게 해 주는 것이 중요해요. 특히 가시덤불은 산

어머나!

지난 10년 동안 매년 1천만 헥타르의 열대림이 사라졌어요. 한 시간에 축구 경기장의 일곱 배나 되는 열대림이 사라진 셈이에요.

사막화

- 사막화란 토지가 사막으로 변하는 것을 말해요. 그것은 예전부터 있어 온 풍화작용으로 인한 자연현상 가운데 하나예요. 그런데 최근에는 사람들의 활동으로 인해 그 과정이 더 빠르게 진행되고 있어요. 숲을 파괴하고 땅을 지나치게 사용하는 것은 사막화를 재촉하는 일이에요.

- 사막화의 영향을 가장 크게 받는 곳은 아프리카의 사하라와 남아메리카의 아타카마 사막이에요. 뿐만 아니라 북아메리카의 대평원과 중앙아시아의 스텝 지대, 남부 유럽까지 사막화의 위협 아래 놓여 있지요.

- 전 세계적으로 매년 6백만 헥타르의 광대한 토지가 사막으로 변하고 있어요.

어떻게 사막화의 진행을 막을 수 있을까요?

뿌리가 긴 식물을 평원 지대에 심으면 바람이 불 때 흙이 날리는 것을 막을 수 있어요. 곧은 뿌리 아카시아 가운데 한 종류는 무려 땅속 35m 깊이까지 뿌리를 내리지요. 그래서 북아프리카의 사헬 지대에 많이 심겨 있어요. 그리고 바람막이 역할을 하는 떨기나무도 심고 있지요.

어떻게 산림 파괴가 사막화를 가져올까요?

나무를 베면 땅이 드러나고 흙이 빗물에 씻겨 내려가요. 그러면 그 자리에는 딱딱한 바위만 남아 아무것도 자라날 수 없어요. 호흡 작용을 통해 습기를 배출하는 식물들이 없으면 공기가 건조해지고 사막화가 시작되지요.

왜 사하라 사막에는 비가 내리지 않을까요?

5,000년 전의 사하라 지역은 습윤하고 비옥한 땅이었어요. 호수도 있었지요. 하지만 약 4,500년 전부터 기후가 건조해지기 시작했고, 이제는 아무것도 살 수 없는 땅이 되었어요. 그래도 더 심각한 상황이 되는 것을 막기 위해 노력해야 해요.

어떻게 사람들이 사하라 사막의 확대를 도왔을까요?

50년 전쯤부터 사하라 사막에서 유목민이 살기 시작했어요.

과거의 이스터 섬은 숲이 우거지고 문명이 번성한 곳이었어요. 하지만 석상을 세우기 위해 도구를 제작하고 석상을 옮기려고 소중한 자원인 나무를 마구 베어 환경이 나빠졌고, 결국 문명의 종말을 맞이했어요. 흙은 메마르고 사람들은 섬을 떠나갔지요. 모아이는 저주의 석상이었을까요?

사막화의 진행은 오아시스도 위협하고 있어요. 그렇기 때문에 오아시스 주변의 식물들을 살리기 위해 노력해야 해요.

다녔지요. 그 결과 땅은 모든 영양분을 잃어버리고 모래가 되어 버렸어요.

왜 이스터 섬은 사막이 되었을까요?

이스터 섬은 태평양 동부에 위치한 칠레의 섬이에요. 모아이 석상으로 유명하지요.

유목민들은 같은 땅에서 사계절 내내 쉬지 않고 염소와 양에게 풀을 뜯어먹게 했어요. 얼마 되지도 않는 풀을 먹느라 발굽으로 식물을 마구 짓밟고

어머나!

- 사하라는 약 860만km²나 되는 면적을 차지하고 있어요. 세계에서 가장 넓은 사막이에요.
- 지난 50년간 사하라는 65만km²나 더 넓어졌어요. 참고로 한반도의 면적은 22만km²예요. 그러니까 한반도보다 세 배쯤 넓어진 거예요.

45

아랄 해

아랄 해는 중앙아시아에 있어요. 아랄 해는 사실 바다가 아니라 호수예요. 한때는 면적이 대략 68,000km²로 세계에서 네 번째로 큰 호수였어요. 그것은 우리나라의 3분의 2에 달하는 크기랍니다. 깊이가 얕고 소금기가 거의 없는 아랄 해에는 다양한 동물과 식물이 살고 있었어요.

1959년 구소련 정부는 대규모의 관개 사업을 계획해 아랄 해로 들어오는 두 강의 물길을 돌려 농업용수로 사용했어요. 그 때문에 오늘날 아랄 해의 면적은 12,000km²로 줄고 수량은 90%나 줄었지요. 물이 거의 남아 있지 않게 된 거예요. 지구에서 일어난 가장 충격적인 자연 파괴의 한 예예요.

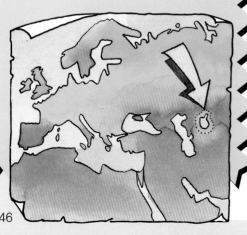

왜 아랄 해의 물이 줄었을까요?

아랄 해로 들어오는 수량의 대부분을 차지하는 시르다리야 강과 아무다리야 강의 물길을 돌려놓았기 때문이에요. 그 지역은 기온이 높아서 물이 빠르게 증발했고 다시 채워지지 않았어요. 금세 수위가 낮아져서 해안선이 150km나 뒤로 물러났어요. 결국 남부에 있는 아랄 해와 북부의 작은 아랄 해 두 부분으로 분리되었어요.

왜 물줄기를 바꿨을까요?

구소련 정부가 남부 지역에서 목화 농업을 하기로 정했기 때문이에요. 목화는 많은 물을 필요로 하는데, 그 지역은 매우 건조했어요. 그래서 어디선가 물을 끌어와야 했어요.

왜 목화 재배는 성공하지 못했을까요?

호수에 있던 많은 양의 물은 온도의 변화를 줄여 주는 역할을 했어요. 하지만 현재 그 지역은 겨울에는 섭씨 영하 50도, 여름에는 영상 50도까지 올라가요. 또 물이 증발하면서 호수 바닥에 남아 있던 소금기가 말라 바람을 타고 날아가서 주변의 땅들이 점점 사막으로 변했지요. 당연히 목화 재배도 성공하지 못했어요.

왜 아랄 해에는 물고기가 없을까요?

아랄 해에 남아 있는 물의 염도는 이전보다 세 배나 높아졌

농약에도 오염되었기 때문에 물을 마시는 아이들의 사망률이 증가하고 있어요. 지역 주민들이 더 이상 고기를 잡을 수 없게 된 것은 말할 필요도 없지요.

어떻게 아랄 해를 되돌릴 수 있을까요?

2001년부터 아랄 해 복원 계획을 세워 북쪽의 강 줄기를 아랄 해 쪽으로 돌리고, 코카랄 댐을 건설했어요. 그 결과 주변 기온이 낮아지고 민물 고기가 살 수 있을 정도로 염도도 낮아졌지요. 예전처럼 넓은 아랄 해를 완전히 되찾기는 불가능하겠지만, 그래도 조금씩 나아지고 있어요.

땅에 있는 배, 말라 버린 항구……
아랄 해가 사막으로 변하고 있어요.

어떻게 자연 재해가 사람에게 영향을 줄까요?

이 지역의 식수는 세계보건기구에서 권장하는 식수보다 염도가 네 배나 높아요. 또한

어요. 그래서 물고기가 더는 견딜 수 없게 된 거예요. 또한 주변 땅에서 목화 농사를 지으며 사용한 농약의 대부분이 호수로 흘러들었지요. 그런 이유로 거의 모든 물고기가 죽었어요. 주변에 살던 동물들과 강변에 사는 식물들 역시 이제는 거의 다 사라졌지요.

어머나!

아랄 해에서 살던 생물들 가운데 오염에 강한 단 두 종류만이 살아남았어요. 바로 가오리와 새우예요.

농업

- 선사시대부터 시작된 농사는 인류를 더 잘 살게 해 주었어요. 농사를 지으면서 인구도 더 많아졌지요. 지구 면적의 10%에 해당하는 땅이 농토로 이용되고 있어요.

- 1950년 이후의 농업 활동은 화학비료를 사용하고 계속 같은 종류의 작물을 심으면서 두 배나 증가했어요. 그것을 '집약농업'이라고 해요. 하지만 오늘날에는 그런 방법이 인간과 자연 모두에게 위협이 될 수 있다는 사실을 알게 되었어요. 그래서 환경을 해치지 않으면서 농산물을 많이 생산할 수 있는 방법을 찾기 위해 연구하고 있어요.

어떻게 화학비료가 발명되었을까요?

1840년 독일의 화학자 리비히는 화학비료와 큐브 모양의 쇠고기 육수를 만들어서 엄청난 부자가 되었어요. 하지만 죽기 직전 화학비료가 환경을 오염시킨다는 사실을 알게 되었고, 자신의 발명에 비판적인 입장을 갖게 되었어요.

왜 농부들은 화학비료를 사용할까요?

더 많은 작물을 수확하기 위해서예요. 하지만 농약을 사용하면서 땅에 공기를 넣어 주고 수분을 공급하는 역할을 하는 동물들이 사라졌지요. 또한 수확하고 나면 땅을 비옥하게 하는 지푸라기들을 치우고 곧바로 다시 파종하기 때문에 땅이 영양분을 잃어버려 화학비료를 사용하게 되었어요.

왜 비료는 환경을 오염시킬까요?

비료를 지나치게 사용하기 때문이에요. 식물이 비료의 성분을 전부 흡수하지 못한 채 땅속에 남아 있으면 비가 조금만 내려도 강으로 흘러들어가거나 지하수층으로 침투하게 되지요. 그렇게 흐르는 물까지 비료로 오염되어 어떤 곳에서는 수돗물을 마시는 것이 금지되고 있어요.

어떻게 비료가 우리의 건강을 해칠까요?

비료에는 질산으로 이루어진 질산염과 인으로 이루어진 인산염이 포함되어 있어요. 그 물질은 적혈구에 작용하여 우리 몸의 세포가 필요로 하는 산소의 운반을 방해해요. 그 때문에 임산부나 아이들이 위험해질 상황에 처하기도 하지요.

돼지는 먹이로 섭취하는 질소의 일부만을 소화시키고 대부분을 오줌으로 배출해요.

어떻게 동물의 분뇨를 잘 관리할 수 있을까요?

비료를 만들기 위해 분뇨를 저장할 때는 튼튼한 저장소를 짓는 것부터 시작해야 해요. 너무 큰 규모의 돼지 농장을 피하고, 질소가 풍부한 먹이를 주지 않아야 하지요.

어떻게 돼지의 오줌이 농사를 망칠까요?

돼지의 다른 것은 사람한테 이로워도 오줌은 그렇지 않아요. 가축의 분뇨는 비료로 사용되는데 이를 저장하는 장소가 튼튼하지 못해서 지하수층에 침투하여 물을 오염시킬 수 있어요. 빗물에 씻겨 내려가 강물을 오염시키기도 하고요.

어떻게 땅을 기름지게 만들까요?

어떤 농부는 화학비료 대신 퇴비나 클로버, 개자리속 같은 풀을 밭에 뿌려요. 이러한 '친환경 비료'는 질소를 소비하지 않고 배출하기 때문에 땅을 비옥하게 만들어요.

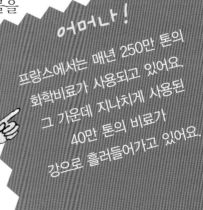

어머나!

프랑스에서는 매년 250만 톤의 화학비료가 사용되고 있어요. 그 가운데 지나치게 사용된 40만 톤의 비료가 강으로 흘러들어가고 있어요.

49

왜 휴경이 다시 유행할까요?

휴경이란 땅이 자생력을 회복할 수 있도록 1~2년 정도 아무것도 심지 않고 쉬게 하는 것을 말해요. 우리가 밤에 충분히 잠을 자는 것처럼요. 쉬고 나서 더 많은 수확을 거둘 수 있게 하려는 목적이지요. 땅이 지치면 생산량이 떨어지기 때문에 휴식이 필요해요.

왜 작물을 바꿔 가며 농사를 지을까요?

땅을 비옥하게 하기 위해서는 밀과 옥수수 같은 미네랄을 많이 소비하는 작물과 질소를 공급해 천연비료 역할을 하는 토끼풀과 개자리속 같은 식물들을 번갈아 가며 농사 지어요.

왜 슈퍼마켓의 과일은 그렇게 깨끗할까요?

수확된 과일에는 신선한 상태

를 유지하도록 살진균제를 뿌려요. 그러니까 보기에 깨끗하더라도 먹기 전에 물에 꼭 씻어야 하지요.

왜 집약농업은 위험할까요?

집약농업은 광대한 땅에서 한 가지 종류의 작물만을 재배하기 때문이에요. 그래서 한번 해충이 생기면 옆 식물까지 쉽게 이동하여 빠른 속도로 밭 전체가 감염될 수 있어요. 배추흰나비도 해로운 곤충 가운데 하나예요. 배추밭에 나타나

순식간에 밭을 초토화시킨답니다.

어떻게 해야 더 적은 양의 살충제를 사용할 수 있을까요?

'친환경 농법'의 힘을 빌리면 문제를 해결할 수 있어요. 다른 곤충을 이용하여 해충을 사라지게 하는 방법이지요. 예를 들어 무당벌레를 밭에 풀어 놓으면 진딧물을 죽일 수 있어요. 아니면 특수한 박테리아를 이용해서 해로운 나비를 병들게 할 수도 있어요. 하지만 친환경 농법은 손이 많이 가고 수확량이 적어 가격이 조금 비싸요.

왜 살충제는 위험할까요?

살충제의 독성은 밭의 모든 생물을 죽일 수 있어요. 또한 썩지 않기 때문에 몇 년 동안 땅속에 남아 있지요. 그래서 우리가 먹는 과일과 채소에도 소량의 살충제가 남아 몸 속으로

해 주기도 해요. 덤불은 이처럼 쓸모가 많아요.

왜 장기적으로 보면 살충제는 효과가 없을까요?

해충이 점차 살충제에 적응하여 별 효과가 없게 되지요. 그래서 내성이 생긴 곤충을 죽이기 위해 더 강한 살충제를 개발해야 하고, 그것은 더 많은 독성을 포함하는 것을 뜻해요. 그러니까 새로운 방법을 찾아야 해요.

들어오게 돼요. 모유를 수유하는 엄마들한테서도 살충제의 성분이 검출되곤 한답니다.

가축의 분뇨에는 질소가 많이 들어 있어서 비료로 사용될 수 있어요. 하지만 반드시 정확한 양을 사용해야만 해요.

뿌리는 설치류가 다른 밭으로 이동하는 것을 막아 주지요. 또한 해충이나 바람, 흐르는 물에 장애물 역할을

왜 덤불을 밀어 내는 일을 중단해야 할까요?

밭을 더 넓게 사용하려고 덤불을 밀어 낼 때가 종종 있어요. 하지만 덤불에서 자라는 열매가 새들의 먹이가 되어 주고,

어머나!

엄청난 수의 메뚜기 떼는 4백억 마리나 되고 하루에 8만 톤의 곡식을 먹어치워요. 그 정도면 40만 명이 일 년 동안 먹을 수 있는 양이에요. 환경학자들은 산업 발달로 인한 환경오염과 산림 파괴가 원인이라고 말해요.

왜 소들은 우울할까요?

소들은 이제 밖에서 무슨 일이 일어나는지 볼 수 없어요. 요즘에는 소들이 더 빨리 자라도록 햇빛이 들지 않는 축사에 갇혀 생활하지요. 쇠고기를 더 부드럽게 하려고 목초지에서 풀을 먹지 않고 분유와 씨앗, 건조된 곡물 등을 먹어요.

왜 소는 광우병에 걸릴까요?

초식동물인 소에게 죽은 동물의 뼈와 고기로 만든 분말을 사료로 먹였어요. 그것이 광우병을 일으키게 했지요. 그래서 유럽에서는 1994년부터 동물을 원료로 한 먹이를 주는 것을 금지했어요. 소뿐만 아니라

돼지와 닭 등 모든 가축에게 이 법이 확대된 것은 2000년 10월의 일이에요.

왜 유기농 식품을 살까요?

유기농은 화학비료나 살충제를 사용하지 않아요. 농부들은 밭에 퇴비를 뿌리고 밭을 갈고 친환경적으로 방제를 하지요. 일이 많고 힘들지만, 사람들의 건강에 좋으니까 보람이 있잖아요.

왜 친환경적으로 사는 것이 좋을까요?

친환경적으로 생산된 고기는 동물 스스로 천연식품을 먹으며 자라난 것이에요. 그런 동물들은 환하고 넓은 공간에서 살고 목초지에도 자주 나오지요. 그렇게 생활하면 고기의 맛도 더 좋아진대요.

왜 유기농 과일은 못생겼을까요?

유기농 과일을 생산할 때는 농

약을 쓰지 않아서예요. 비료를 사용하지 않으니까 크기도 그리 크지 않아요. 하지만 덜 익은 상태에서 수확하는 일반 과일들과는 달리 다 익은 상태에서 수확하기 때문에 더 달고 맛이 있답니다.

어떻게 과일과 야채에 돌연변이가 생길까요?

학자들은 토마토를 더 붉게 만들고 사과를 더 달게 하는 유전자를 찾아내 유전자 배열을 바꿀 수 있어요. 그것을 유전자가 조작된 식품 혹은 GMO라고 하지요. 현재 영국에서는 절대로 썩지 않는 토마토를 살 수 있어요.

어떻게 유전자조작 식품이 환경에 영향을 미칠까요?

과학자들은 친환경 비료를 사용하여 병충해에 저항력이 강하고 빨리 자라는 작물을 내놓고 있어요. 이 유전자조작 식

우리는 조그만 텃밭에서 살충제를 뿌리지 않고 친환경 비료를 사용하는 친환경 농사를 지을 수 있어요.

왜 지렁이는 위협받고 있을까요?

트랙터 같은 무거운 농기구가 밭을 밟고 지나가면 지렁이들은 더 이상 살 수 없어요. 지렁이가 만드는 구멍으로 땅이 숨을 쉰다는 것을 생각하면 매우 안타까운 노릇이지요.

품은 적은 양의 화학비료를 사용하고 물도 더 적게 들지요. 캐나다에는 자신을 파먹으려는 벌레를 죽일 수 있는 감자가 있대요. 유전자조작 식품을 먹어도 체내에 축적되어 나쁜 영향을 미치지 않는다고 하지만, 장기간 먹을 경우의 영향을 생각하지 않을 수 없어요.

왜 유전자조작 식품을 조심해야 할까요?

아직 유전자조작 식품이 우리 몸과 자연에 어떤 결과로 나타날지 알 수 없어요. 유전자가 조작된 밀이 살충제가 듣지 않는 개밀을 생산하기도 하는 것처럼 말이에요.

어머나!
2000년에 프랑스에는 1만여 개의 친환경 농장이 있는 것으로 집계되었어요. 그것은 전체 농장의 1.5%를 차지할 뿐이에요. 우리나라의 친환경 농가는 유기 농가와 무농약 농가를 합해 4.8%예요. 아직은 갈 길이 멀어요.

친환경 정원

왜 껍질을 함부로 버리면 안 될까요?

음식물 쓰레기로 천연비료를 만들 수 있어요. 음식을 준비하고 남은 재료들, 고양이의 똥오줌, 꽃꽂이하고 잘라낸 부분, 커피 찌꺼기, 티백, 화초에서 떨어진 나뭇잎 등을 모아 6~9개월 정도 두었다가 식물에 주면 최고의 영양제가 되어요.

어떻게 해야 정원에 물을 잘 줄 수 있을까요?

빗물을 받아 두었다가 활용하면 좋아요. 여름에 햇빛이 뜨거울 때는 식물이 물기를 머금기도 전에 수분이 증발해 버리기 때문에 저녁에 물을 주는 것이 좋고, 겨울에는 밤새 물이 얼지 않도록 아침에 주는 것이 좋아요.

- 정원을 가꾸는 것은 자연 친화적인 일이에요. 화학비료를 많이 주거나 살충제를 무기로 사용하면서 벌레와 전쟁을 벌이지 않는다면 말이에요.

- 그런데 요즘 정원에서 사용하는 농약의 농도는 집약농업에서 사용하는 것보다 더 높아요.

- 지역의 기후에 맞는 다양한 품종을 재배하면 물과 부식토를 낭비하지 않으면서 친환경 정원을 가꿀 수 있어요. 정원사는 천연비료와 친환경 농법을 이용해 기생충과 벌레의 번식을 막을 수 있어요.

왜 쐐기풀은 정원을 가꾸는 데 필요할까요?

쐐기풀은 정원의 비타민C 같은 역할을 해 주어요. 쐐기풀의 잎을 뜯어서 말똥이랑 짚과 섞으면 훌륭한 거름이 되지요. 그것을 화단에 뿌리면 꽃들이 금세 활기를 되찾고 싱싱해질 거예요.

어떻게 해로운 동물들을 쫓아낼 수 있을까요?

땅속 적당한 깊이에 뚜껑이 없는 빈 병을 묻어요. 바람이 불

무당벌레는 진딧물 청소기나 다름없어요. 하루에 100개가 넘는 진딧물을 잡아먹으니까요.

어떻게 구석진 수풀이 정원 전체에 도움이 될까요?

텃밭의 구석은 야생 그대로 두는 것이 좋아요. 풀이 무성해지고 심지 않은 꽃들이 피도록 말이에요. 그것이 때로는 잘 가꾼 정원만큼 아름답기도 하지요. 또한 괄태충이나 애벌레, 달팽이 등을 먹어치우는 고슴도치와 새가 쉴 수 있는 곳이기도 해요.

면 병에서 나는 소리가 작물을 갉아먹는 들쥐나 생쥐의 신경을 거슬리게 하지요.

에 심으면 해로운 벌레를 쫓을 수 있지요. 만수국이나 바질은 토마토가 건강하게 자랄 수 있게 해 주어요. 마늘은 진딧물 예방에 효과적이지요. 셜롯이나 양파는 채소밭의 파수꾼이랍니다.

어떻게 식물이 경찰의 역할을 해 줄까요?

곤충을 사냥하는 식물도 있어요. 그런 종류의 식물을 화단

어머나!

괄태충에게 커피는 공포스러운 존재예요. 커피 4분의 1잔 정도면 괄태충을 쫓아내기에 충분해요.

자동화 산업

- 200년 전에 일어난 산업 기술 혁명은 우리의 삶을 더 편리하고 안락하게 만들어 주었어요. 하지만 그로 인해 공기와 물, 땅의 오염이 심해졌지요.

- 오늘날의 유럽은 공업으로 인한 오염이 상당히 감소하는 중이에요. 공장들이 환경오염을 줄이기 위해 엄청난 노력을 하기 때문이지요. 산성비의 원인이 되는 대기오염 물질과 온실가스를 유발하는 물질의 배출이 감소했고, 매연은 총 80%가 개선되었어요.

왜 공장의 매연은 이전보다 검지 않을까요?

과거의 공장들은 석유나 석탄이 완전히 연소하지 않은 상태에서 검고 진한 매연을 배출했어요. 하지만 요즘은 굴뚝 안쪽에 정화 시설을 설치하여 매연을 줄이거나 먼지를 적셔 오염 물질을 잡아 두지요.

어떻게 공장은 위험한 가스를 덜 배출하게 되었을까요?

오늘날 과학자들은 연소하는 동안 나오는 산성 가스를 잡을 방법을 계속 연구하고 있어요. 그것은 매우 어려운 작업이지만, 위험한 가스의 배출을 줄이기 위해 반드시 해야 하는 일이에요.

왜 오늘날에는 공장이 더 깨끗해졌을까요?

천연가스나 전기 같은 깨끗한 에너지를 사용하기 때문이에요. 이전에는 대부분의 공장들이 연소 과정에서 유독 가스를 배출하는 석탄을 원료로 사용했어요.

왜 공장의 위험성에 대해 조사할까요?

전문가들은 공장이 충분히 안전한지를 조사해요. 그리고 공장 주변에 주택을 지을 수 없도록 안전지대를 조성하지요. 위험한 화학물질을 사용하는 공장에서 사고가 나면 큰 피해를 입기 때문이에요.

1984년 인도 보팔 시의 화학 약품 제조공장에서 유독 가스가 유출되어 1만 명 이상 사망하고 55만 명이 피해를 입은 끔찍한 사고가 일어났어요. 아직까지도 그 후유증으로 많은 사람이 고통을 받고 있어요.

왜 공장은 사용한 물을 정화하여 내보낼까요?

예전의 공장들은 더러운 물을 바로 강이나 바다로 내보냈어요. 하지만 20세기 중반 일본의 한 공장에서 버린 납 성분에 오염된 조개를 사람들이 먹고 있다는 사실을 알게 되었지요. 요즘은 그런 사고를 막기 위해 오염된 물을 정화하여 내보내지요.

어떻게 석탄이 하얗게 될까요?

일부 공장에서는 석탄에 석회를 섞어요. 그것은 분필의 성분과도 비슷해요. 이 하얀색의 석탄은 매연을 덜 발생시켜요. 그런 방식으로 건물을 짓는 벽돌을 만들 수도 있어요.

자동차 공장에서는 로봇이 생산 공정에 사용되어 생산성을 높여요. 어쩌면 이런 과도한 생산이 오염의 원인은 아닐까요?

왜 보팔 사건을 기억해야 할까요?

재앙과도 같은 사고를 예방하기 위해서는 철저히 대비해야 해요.

어머나!

1986년 스위스 바젤의 한 공장에서 불이 나 2톤가량의 납이 라인 강으로 흘러들었어요. 그 사고로 백만 마리에 달하는 물고기가 죽었고, 지금도 북해에 이르기까지 그 납이 퍼져 있어요.

공해 없이 이동하기

- 지구에서는 하루에 8억 대 가까운 자동차와 2억 대의 화물차가 이동을 해요. 자동차 엔진은 온실효과를 심화시키는 가스를 대기 중으로 내보내지요.

- 자동차는 산업이나 농업을 앞서는 공해의 주범이 되었어요. 엔진과 연료가 발달하여 이전보다 적은 양의 탄소를 배출하지만, 자동차 수가 점점 늘어나고 있기 때문에 다른 교통수단을 마련해야 해요.

왜 디젤 자동차는 더 많은 공해를 만들까요?

디젤 자동차에 사용하는 경유는 오염 물질을 많이 배출하는 연료예요. 하지만 가격이 저렴하기 때문에 많은 사람들은 경유 자동차를 선택하지요. 그래서 디젤 자동차를 만드는 제조업자들은 배기구에 오염 물질을 걸러 내는 필터를 설치해야 해요.

촉매변환기는 어떻게 일을 할까요?

'촉매변환기'란 1992년부터 유럽 지역에서 생산되어 나오는 자동차에 의무적으로 부착하는 장치예요. 특수 금속인 백금과 팔라듐, 로듐으로 이루어진 세 개의 층이 배기 오염 물질을 잡아내어 독성이 없는 가스를 밖으로 내보내지요.

왜 예전에는 연료에 납을 넣었을까요?

납이 연료의 효율을 높여 주기 때문이에요. 하지만 그것이 건강에 매우 좋지 않은 영향을 미친다는 사실이 알려지면서 오늘날에는 납이 없는 좋은 품질의 휘발유를 만들고 있어요.

우리나라는 1993년에 납이 들어간 유연 휘발유 판매를 금지하는 법률을 제정했어요.

왜 촉매변환기가 달린 자동차에는 반드시 납이 없는 연료를 사용해야 할까요?

납이 배기구의 백금과 반응하여 상하게 만들기 때문이에요. 납이 촉매변환기를 망가뜨리지요.

왜 촉매변환기는 항상 유용하지 않을까요?

촉매변환기가 제대로 역할을 하기 위해서는 뜨겁게 유지해야 해요. 하지만 도시에서는 짧은 거리를 이동할 때가 많아서 충분히 뜨거워질 시간이 부족해 정상적일 때보다 더 많은 오염 물질이 그대로 배출될 수 있어요. 그래서 자동차 업계에서는 그런 문제를 해결하기 위해 미리 촉매변환기를 데워 놓는 방법을 연구하고 있지요. 과자를 굽기 전에 오븐을 예열하는 것처럼 말이에요.

자동차는 도시의 많은 부분을 차지하고 있어요. 그러니 깨끗한 연료를 사용하고 새로운 교통수단을 마련해야 하지요.

때문에 낡은 자동차를 개조해서 타는 후진국에서는 사람들이 더 많은 매연을 마시는 셈이에요.

왜 환경운동가들은 골동품 자동차를 좋아하지 않을까요?

생산한 지 오래된 자동차는 촉매변환기나 정화 시스템이 없고 모터도 오래된 것이어서 최근에 나온 자동차들보다 더 많은 오염 물질을 배출해요. 그

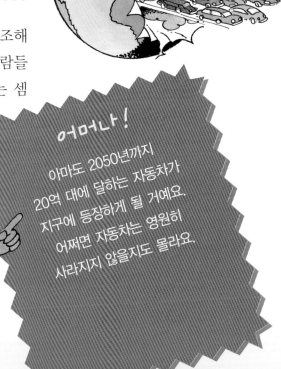

어머나!

아마도 2050년까지 20억 대에 달하는 자동차가 지구에 등장하게 될 거예요. 어쩌면 자동차는 영원히 사라지지 않을지도 몰라요.

59

왜 전기 자동차는 연기가 나오지 않을까요?

전기 모터는 오염 물질이나 이산화탄소를 전혀 배출하지 않아요. 문제는 150km마다 멈춰서 충전해야 한다는 것이에요. 그러지 않으면 달리다가 서 버릴 테니까요. 그래서 도심에서는 운행이 가능하지만, 고속도로로 나가기는 아직 어려워요.

어떻게 동물의 똥으로 연료를 만들까요?

소의 분뇨나 식물, 음식물 찌꺼기 등으로 만드는 '바이오 가스'를 연료로 사용할 수 있어요. 바이오 가스는 현재 자동차에 그대로 사용할 수 있기 때문에 매우 실용적이에요.

어떻게 환경을 오염시키지 않고 자동차를 탈 수 있을까요?

오늘날에는 휘발유나 경유보다 오염을 덜 시키는 연료들이 나와 있어요. 그중 LPG(액화석유가스)가 가장 널리 사용되지요. 그리고 천연가스도 있어요. 자동차는 아무거나 잘 소화시킬 수 있나 봐요!

왜 두 개의 엔진이 더 친환경적일까요?

전기차에 대한 해결책으로 자동차 제조업자들은 가까운 거리를 다니기 위한 전기 모터와 먼 거리를 갈 수 있는 휘발유 모터, 그렇게 두 개의 모터를 달았어요. 그러니까 배터리만 잘 충전해 놓으면 어디서 전기 자동차를 타든 아무 문제가 없어요.

왜 자동차는 술을 마셔도 될까요?

알코올은 오염이 거의 없는 아주 훌륭한 연료예요. 그렇다고 사람이 마시는 술을 자동차에 사용해서는 안 되지요. 자동차에는 옥수수, 카사바, 사탕수수, 순무, 돼지감자 같은 식물로 만들어진 특별한 알코올이 필요해요. 맛은 형편없어요!

왜 연료전지 자동차는 좋은 차일까요?

가장 최근에 개발된 자동차는 연료전지 자동차예요. 연료전지를 통해 모터를 작동시켜 자동차를 움직이지요. 연료전지는 산소와 수소, 두 가지의 청정 가스로 이루어져 있어요. 전지는 이 두 가지 기체를 결합해 전기를 만들어요. 이 미래형 자동차의 특징은 매우 가볍고 수증기만 배출한다는 것이에요. 하지만 전기와 수소를 만드는 게 쉽지 않고 값도 비싸며, 그 과정에서 오염 물질

전 세계의 운전자들은 일 년에 수많은 시간을 교통 체증으로 도로에서 허비하고 있어요.

왜 어떤 날에는 자동차를 운전할 수 없을까요?

어떤 도시에서는 공해를 줄이기 위해 공기 중에 오염 물질이 너무 많을 때에는 자동차를 격일제나 요일제로 운행하도록 정해요. 자동차 번호 끝자리를 홀수와 짝수로 구분한다거나 요일별로 운행이 가능한 자동차만 도로에 나올 수 있어요. 서울에서도 승용차요일제를 시행하고 있어요.

이 나온다는 사실을 주의하세요!

가격이 매우 비싸요. 파리에서는 400대의 청소차를 10년 안에 청정에너지를 사용하는 차로 바꿀 계획이래요.

어떻게 거리의 청소차가 깨끗할까요?

이미 프랑스의 파리에서 사용하는 28대의 청소차는 가스를 연료로 하고 있어요. 경유를 덜 사용해 소음도 적게 발생하지요. 하지만 그런 자동차는

어머나!

2010년까지 미국의 캘리포니아에서는 석유로 운행하는 자동차가 금지된대요. 그때부터 캘리포니아의 모든 자동차는 청정에너지만 사용해야 해요.

왜 우리는 모두 게으름뱅이일까요?

자동차는 참 편리해요. 하지만 자동차를 사용하는 시간의 절반은 2km 미만의 거리를 다닐 때예요. 그 정도 거리라면 25분쯤 걷거나 급한 일이면 자전거로 충분히 갈 수 있는데 말이에요. 그렇게 이동하면 운동도 할 수 있고 다이어트에도 도움이 되잖아요.

왜 버스를 탈까요?

버스 한 대는 약 60명의 사람을 한 번에 이동시킬 수 있어요. 당연히 60대의 자동차가 움직이는 것보다 오염이 적게 발생하지요. 지하철이나 노면전차는 더 깨끗한 교통수단이에요. 도시의 대중교통은 미래의 환경을 위해 중요한 발걸음이지만, 더 깨끗하고 신속하게 하기 위해 지금도 계속 연구하며 바꿔 가고 있어요.

왜 초록색 스티커는 무사통과일까요?

프랑스나 독일에서 운행하는 자동차 앞유리에 붙은 초록색 스티커는 배기 필터를 장착한 깨끗한 자동차라는 뜻이에요. 그런 차는 언제 어디서든 자유롭게 운전할 수 있어요.

왜 화물이 기차를 타면 좋을까요?

화물차는 가장 많은 오염 물질을 배출해요. 그런데도 아직 화물을 기차에 실어 운송하는 방식이 잘 이용되지 않아요. 기차를 이용하여 가까운 기차역에 도착한 화물을 도착지까지 배달하면 화물차로 인해 발생하는 오염을 많이 줄일 수 있을 텐데 말이에요.

어떻게 손에 손잡고 자동차를 탈까요?

회사나 학교에 갈 때 방향이 같은 사람들과 함께 자동차를 이용하는 것을 '카풀'이라고 해요. 조금 비좁긴 하지만, 훨씬 친환경적이에요.

왜 '자동차 없는 날'은 아직 실현되기 힘들까요?

1997년 9월 22일 프랑스에서 최초로 하루 동안 자동차를 타지 않는 날을 정했어요. 서울에서도 2007년부터 부분적으로 자동차 없는 날 행사를 하고 있고 점점 다른 지역으로 확산되고 있어요.

어떻게 다치지 않고 자전거를 탈 수 있을까요?

프랑스에서는 여덟 살이 넘으면 인도에서 자전거를 탈수 없어요. 그래서 도로를 이용해야 하는데 그러려면 교통법규를 잘 알아야 하지요. 시내에는 자전거 도로가 차도 옆에 따로 있는 경우가 많아요. 그러니까 반드시 헬멧을 쓰고 밤에는 야광 복장을 갖추는 것을 잊으면 안 돼요. 다치지 않으려면 눈에 잘 띄어야 하니까요.

일부 대도시에서는 보행자와 자전거 타는 사람들을 위해 어떤 날을 정해 하루 또는 몇 시간 동안 일부 도로를 통제해요.

용도로와, 버스와 택시를 위한 도로, 또 인도가 제대로 정비되어야 해요. 물론 시작은 조금 불편하겠지요.

왜 도시를 바꾸어야 할까요?

오늘날 자동차는 너무 많은 공간을 차지해요. 큰 버스는 길을 막고 자전거는 도로를 어지럽게 하지요. 보행자는 좁은 인도로 걸어다니고요. 그래서 자전거 타는 사람들을 위한 전

어머나!

미국 사람들은 일 년 동안 지구 한 바퀴를 돌 수 있을 만큼의 거리를 자동차로 이동해요.

너무 시끄러워!

- 자동차, 비행기, 잔디 깎는 기계, 드릴처럼 전기 모터를 사용하는 물건이 많아질수록 우리는 더 많은 소음을 견뎌야 해요.

- 생활 속에서 자주 들리는 소음은 우리를 불안하고 피곤하게 할 뿐만 아니라 귀가 잘 들리지 않거나 심하면 병을 얻을 수도 있어요.

- 소리를 측정하는 방법은 데시벨(dB)이에요. 사람은 20데시벨 정도부터 들을 수 있고, 120데시벨이 넘어가면 듣기 불편해지지요. 보통 사람들이 이야기를 나누는 목소리는 60데시벨 정도이고, 자동차는 80데시벨, 망치는 120데시벨 정도예요.

왜 소리는 우리를 지치게 할까요?

우리의 귀는 속눈썹이 달린 눈과는 다르기 때문이에요. 자고 있을 때에도 귀는 쉬지 않고 일을 하지요. 그래서 조용한 밤에는 소음이 40데시벨 이상이면 쉽게 잠을 이루지 못하고, 낮에는 55데시벨을 넘기면 편안히 생활하기 어려워요. 자동차의 빵빵거리는 경적 소리나 사이렌 소리, 화물차가 빨리 달리며 지나가는 소리처럼 말이에요.

시끄러운 곳에서 살면 어떻게 될까요?

항상 피곤하고 신경질적이 되었다가 종종 아무것이 아닌 일에 화를 내곤 하지요. 그리고 두통이 생기거나 복통을 일으킬 수도 있고 참을성을 잃게 되지요.

왜 어떤 소리는 나쁜 영향을 줄까요?

85데시벨 이상의 소음이 장시간 계속되면 청각을 잃을 수 있어요. 하지만 120데시벨이 넘어야만 고막에서 고통을 느끼기 때문에 보통 사람들은 85~120데시벨 사이의 소리는 잘 알아차리지 못하지요. 그러니까 텔레비전 음량을 너무 높이면 안 돼요.

소음기는 어떻게 작동할까요?

자동차가 시속 50km를 넘어가면 마찰이 매우 커지고 소음이 발생하기 때문에 천천히 운전하는 것이 중요해요. 저속 운행은 연료의 사용도 절약할 수 있어요.

틀어 놓지 않아야 해요. 탈수 할 때 너무 시끄러우면 세탁 기 아래 고무 받침을 놓아 소 음을 줄일 수 있어요.

어떻게 우리는 발전하고 있을까요?

청소기와 세탁기 같은 전자 제품이나 잔디 깎는 기계, 농 기계 등의 소음은 예전보다 많이 줄었어요. 자동차의 소 음은 예전보다 8데시벨, 화 물차는 10데시벨이 감소했어 요. 하지만 문제는 사람들이 예전보다 더 많이 비행기를 타고, 더 많이 잔디를 깎고, 더 많이 세탁기를 사용한다 는 점이에요.

공항 주변은 늘 지나친 소음으로 고통받고 있어요. 비행기가 주민들 이 사는 집 위를 날아다니니까요.

왜 비행기는 항상 우리를 놀라게 할까요?

비행기의 소음은 지난 30년간 20데시벨 정도 감소했어요. 하 지만 비행 수는 두 배가 증가 했지요. 그래서 공항 주변에 사는 사람들은 항상 소음에 시 달려요. 비행기를 덜 타는 것 이 해결 방안이 될 수 있겠지 만, 글쎄요……

어떻게 집에서의 소음을 줄일 수 있을까요?

이웃을 생각해서 발로 바닥을 구르거나 머리가 울릴 정도로 크게 텔레비전을

어머나!

방음 처리가 잘 되지 않은 학교에서 쉬는 시간에 발생하는 소음을 재어 보면 기차역과 맞먹는 100데시벨에 달해요.

독성 폐기물

- 일부 공장에서는 사람들의 건강에 매우 해로운 독성 폐기물을 내놓아요. 전에는 그런 독성 물질도 일반 쓰레기처럼 함부로 내다 버렸지만, 폐기물이 환경과 사람들의 건강에 매우 위험하다는 사실을 안 뒤로는 아무렇게나 버리지 않게 되었어요.

- 오염 물질을 배출하는 산업체에 대해서는 주변 환경을 정화하는 데 드는 비용을 지불하도록 원칙이 마련되었어요.

왜 바다에서는 쓰레기를 태우지 않을까요?

예전에는 쓰레기를 선박에 싣고 바다 한가운데로 가서 태우는 경우가 있었어요. 그 결과 독성 폐기물이 바다를 오염시키고 물고기와 고래 등을 중독시켰지요. 그래서 그 방법은 금지되었어요.

예전에는 어떻게 독성 폐기물을 버렸을까요?

쓰레기를 해외로 보내는 일은 아주 간단했어요. 하지만 1988년 이탈리아의 화물선 자노비아 호가 쓰레기를 담은 드럼통을 세계 곳곳의 항구에 버린 일이 알려지면서 쓰레기를 다른 나라로 싣고 가는 것이 금지되었어요.

왜 어떤 기업은 그렇게 비양심적일까요?

독성 쓰레기를 처리하려면 많은 비용이 들어요. 그래서 돈을 아끼기 위해서 일부 기업들은 몰래 쓰레기를 내다 버리지요. 유럽에서는 야외에 무단으로 쓰레기를 버리는 것이 30년 전부터 금지되었어요.

어떻게 많은 쓰레기를 처리할까요?

산성 물질로 분해하거나 초고온으로 태워 버릴 수 있어요. 하지만 쓰레기를 태우거나 산성 물질을 사용하는 것은 매우 위험한 일이에요. 그래서 특별한 공간에 쓰레기를 넣어 관리하기도 하지요. 하지만 그런 방식은 시간이 지날수록 더 많은 공간을 필요로 해요.

자동차에서 흘러나오는 기름은 유독성이에요. 그럴 때는 꼭 자동차 정비소에서 정비를 받아야 해요.

현상이 계속된다면 우리의 지구는 곧 토성처럼 띠를 갖게 될지도 몰라요. '쓰레기로 만든 띠' 말이에요.

때문이에요. 하지만 자원을 낭비하지 않고 오염을 줄이려면 석유를 포함하는 타르와 납, 수은이 많이 들어 있는 물질을 재활용해야 해요.

병원에서 나온 쓰레기는 어떻게 할까요?

이미 사용한 붕대와 주사기를 비롯한 모든 치료 도구는 감염성 질환의 원인이 될 수 있어요. 그래서 대형 병원들은 그런 쓰레기를 특정한 기관을 통해 처리하지요. 하지만 일부 병원에서는 일반 쓰레기와 같이 버리고 있어요.

왜 우주에도 쓰레기가 있을까요?

1957년 인간은 최초로 지구 주위를 도는 인공위성을 발사했어요. 그 가운데 일부는 계속 우주에 남아 있지요. 그런

왜 산업폐기물은 대부분 재활용하지 않을까요?

재활용해 사용하는 데 돈이 많이 들기

어머나!
전 세계의 공장에서는 매년 4억 톤에 달하는 독성 폐기물을 배출하고 있어요. 유럽에서는 50~70% 정도가 엄격한 관리 아래 폐기되지요. 그 가운데 재활용되는 것은 15%뿐이에요.

우리가 버린 쓰레기는?

- 인류는 항상 쓰레기를 만들어 왔어요. 선사시대 사람들이 버린 쓰레기의 흔적을 오늘날에도 발견할 정도로 말이에요.

- 하지만 '소비의 사회'에 살고 있는 우리는 점점 더 많은 양의 쓰레기를 배출하고 있어요. 그 가운데 건전지와 일부 플라스틱, 물감 튜브 등은 독성이 매우 강해요.

- 유럽에서는 재활용이 활발하게 이루어지고 있어요. 또 쓰레기를 쌓아 두기보다는 태워 버리는 편이지요. 하지만 태우는 것이 언제나 최선의 방법은 아니에요.

왜 쓰레기 매립은 해결책이 되지 못할까요?

과거에는 쓰레기를 야외에 아무렇게나 쌓아 두었어요. 쓰레기에서 더러운 물이 나와 땅을 오염시키고 주변에 쥐나 모기 같은 해로운 생물들이 들끓게 되었지요. 그래서 2002년부터 특별한 시설을 갖추지 않은 곳에서는 쓰레기 매립이 금지되었어요. 하지만 지금도 지구 어디에선가는 여전히 아무데나 쓰레기를 버리고 있어요.

어떻게 쓰레기 매립의 방식이 진화했을까요?

현재는 견고한 바닥과 천장을 만들어 악취가 나는 오염 물질이 빠져나가지 않도록 하고 있어요. 쓰레기 한 층마다 위로는 2m 두께의 모래층을 덮어요. 그렇게 반복하면 마치 모래와 쓰레기가 쌓인 케이크 같은 모양이 되지요.

'최종 쓰레기'는 어떻게 할까요?

매립해야 하는 쓰레기는 태워 버릴 수도, 재활용할 수도 없는 것에 한정되어 있어요. 그런 것들은 아무렇게나 버릴 수 없기 때문에 '최종 쓰레기'라고 해요.

왜 우리는 점차 더 많은 쓰레기를 소각하게 되었을까요?

소각장에서 쓰레기를 태우는 것이 공간을 덜 차지하기 때문이에요. 섭씨 850~1,050도 사이의 고온에서 쓰레기를 태우면 적은 양의 재만 남아요. 쓰레기의 양을 90% 가까이 줄일 수 있지만, 태울 때 오염 물질이 나올 수 있어서 잘 관리해야 해요.

전 세계적으로 쓰레기가 공기와 접촉한 상태로 버려지는 쓰레기 장이 아직 많이 있어요. 특히 제 3세계에는 빈민촌에 쓰레기장이 많아서 주변에 사는 사람들이 오염에 노출되어 있어요.

어떻게 태운 쓰레기를 다시 쓸 수 있을까요?

도로 공사를 할 때 사용할 수 있어요. 휴가 때 신나게 고속 도로를 달리는 것은 쓰레기 찌꺼기 위를 달리는 셈이랍니다.

어떻게 쓰레기로 난방을 할까요?

일부 도시에서는 쓰레기 소각 장에서 발생하는 불이나 수증 기를 열로 전환하여 각 가정과 일반 건물에서 사용할 수 있도 록 전달해요. 쓰레기를 재활용 하는 또 다른 방법이지요.

왜 재는 다시 사용할 수 없을까요?

재 속에는 유독성 물질을 포함 하거나 땅을 오염시키는 성분 들이 남아 있어요. 그래서 딱 히 사용할 데가 없다면 재를 매립지에 묻어요.

어머나!

● 미국 사람들은 한 명당 일 년에 750kg의 쓰레기를 버려서 세계에서 쓰레기를 가장 많이 만드는 국민이 되었어요.
● 유럽에서는 한 명당 일 년에 540kg의 쓰레기를 배출하는 노르웨이가 일등이에요.
● 우리나라는 한 명당 일 년에 372.3kg의 쓰레기를 배출해요.

왜 쓰레기 소각도 최선의 해결책이 아닐까요?

소각장에서 발생하는 먼지와 유독 가스를 공기 중으로 배출하기 때문이에요. 그래서 이제는 대부분의 소각장 굴뚝에 먼지 필터와 정화 시설을 갖추고 있어요. 하지만 그것으로도 완전하지 않아 여전히 조금의 오염 물질이 배출되고 있어요.

어떻게 쓰레기통이 생겼을까요?

1883년 프랑스 센 지방의 도지사인 외젠 푸벨이 건물마다 오물을 담을 수 있는 그릇을 마련하는 법안을 제정했어요. 그것이 바로 쓰레기통이라는 뜻의 '푸벨(poubelle)'의 탄생이지요. 그는 또한 쓰레기를 분리하라고 지시했지만, 아무도 지키지 않았어요.

서양의 중세 시대에는 어떻게 쓰레기를 처리했을까요?

그 시대에는 아무런 걱정 없이 창문 밖으로 쓰레기를 던져 버렸어요. 오물도 사람들이 지나다니는 길거리에 마구 버렸지요. 하수도 시설이 달리 없었으니까요. 아마도 개와 돼지 등이 길거리의 청소부 역할을 해 주었을 거예요.

왜 쓰레기통은 점점 가득 차게 되었을까요?

사람들이 포장된 음식을 점점 더 많이 소비하기 때문이에요. 슈퍼마켓에서 먹을 것을 사게 되면서 깡통, 종이 상자, 플라스틱 병 들이 점점 더 쓰레기통을 채워 갔지요. 프랑스의 한 가정에서 매년 배출하는 쓰레기가 쓰레기 봉투 3,500장에 달한다니 하루에 열 장 가까이 되는 셈이에요.

왜 플라스틱은 숨이 막히게 할까요?

플라스틱 중에는 재활용되거나 태워 버릴 수 없는 것들이 있어요. 고온에서도 녹지 않기 때문이에요. 그런 것들을 모아 매립하지요. 비닐봉지를 야외에 그냥 버릴 경우 야생동물들이 삼켜 숨이 막혀서 죽는 일도 있어요.

어떻게 일본은 새로운 영토를 만들었을까요?

일본에는 작은 섬들이 있어요. 도쿄에서는 성가신 쓰레기를 바다에 모았지요. 그렇게 만들

어떻게 장난감이 우리의 생활을 불편하게 할까요?

폴리염화비닐(PVC)로는 물병이나 식용유 통, 장난감 등을 만들 수 있어요. 그것을 태우면 암이나 불임을 유발할 수 있는 다이옥신이라는 해로운 물질이 나와요. 그래서 덴마크, 스웨덴, 스위스, 네덜란드, 독일 등 유럽의 대도시에서는 PVC의 사용이 금지되었어요. 우리나라에서도 음식물을 포장할 때 PVC를 사용하지 못하게 하고 있어요.

어진 섬에 '꿈의 섬'이라는 이름을 붙였어요. 현재는 그곳에 공장을 건설하려고 계획하고 있어요.

쓰레기장에 버려진 비닐봉지가 바람에 날려 다른 지역으로 이동하기도 해요.

근처에 위치한 스테이튼 섬으로 실어 나르지요. 아니면 기차나 화물차에 실어 텍사스까지 보내기도 해요.

뉴욕 시민들은 어떻게 쓰레기를 버릴까요?

뉴욕에서는 매년 20층짜리 건물 15채 분량의 쓰레기가 나와요. 그것을 자유의 여신상

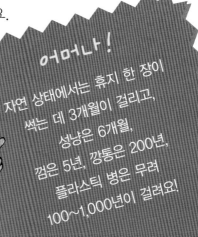

어머나!

자연 상태에서는 휴지 한 장이 썩는 데 3개월이 걸리고, 성냥은 6개월, 껌은 5년, 깡통은 200년, 플라스틱 병은 무려 100~1,000년이 걸려요!

재활용

- 재활용이란 우리가 쓰레기통에 버린 쓰레기들을 꺼내 다시 사용할 수 있도록 하는 것이에요. 그것은 숲의 나무와 땅의 자원을 절약하는 경제적인 방법이지요. 재활용은 독성 연기를 발생시키는 쓰레기 태우는 일 또한 피할 수 있게 해 주어요.

- 오늘날에는 유리, 종이, 판지, 철, 강철, 알루미늄 등을 재활용하고 있어요. 플라스틱은 재활용이 쉽지 않지만, 점차 그 방법이 개발되고 있지요.

- 현재는 버려지는 쓰레기 가운데 단지 9%만 재활용되고 있지만, 사실 재활용이 가능한 경우는 열 중 여덟이나 된답니다. 그러니까 아직 만족하기엔 너무 일러요.

왜 철은 재활용이 쉬울까요?

철은 다른 물질과 분리하기가 쉬워요. 쓰레깃더미 위에 거대한 자석을 통과시키면 깡통이나 쇠로 만든 물건들이 분리되지요. 그것을 녹여서 다시 굳히면 새로운 깡통과 철판을 만들 수 있어요.

왜 재활용 종이는 오래 사용할 수 없을까요?

종이의 재활용은 8~12번까지 가능해요. 재활용을 위해서는 색깔별로 종이를 분류하고 잘게 썰어 물에 섞어야 하지요. 그렇게 얻은 펄프에서 스테플러 심이나 잉크, 접착제 등을 걸러 내요. 그리고 나서 잘 섞어서 말려요. 예전에는 인쇄용 종이를 만들었지만, 재활용 종이는 잘 상하기 때문에 요즘은 화장실용 휴지로만 사용해요.

어떻게 플라스틱을 입을 수 있을까요?

재활용한 플라스틱은 여러 곳에 쓸모가 있어요. 고무 호스와 공용 벤치, 버스 의자, 정원용 가구, 신발 바닥 재료 등에 다양하게 사용되지요. 스카프나 목도리 가운데에도 재활용 플라스틱 병으로 만들어진 것이 있어요.

저장량은 점점 줄어들고 있기 때문이에요.

어떻게 자동차도 재활용할 수 있을까요?

오래된 자동차는 폐차장으로 가야 해요. 차체의 철판을 녹여 새 자동차를 만들 때나 철로 등을 건설하는 데 사용하고, 타이어는 가루를 내어 롤러스케이트나 수레의 바퀴를 만들지요. 차 내부에 사용했던 플라스틱과 좌석은 재활용하지 않아요.

쓰레기장에서는 재활용하기 전에 재활용품을 묶어 압력을 가해 고정해 놓아요.

왜 유리는 깨져도 걱정이 없을까요?

유리는 닳지 않기 때문에 무제한으로 재활용할 수 있어요. 오래된 유리병을 재활용하려면 아주 작은 조각으로 잘게 부순 다음 약간의 모래와 칼슘을 섞어 틀에 넣어 찍어 내면, 짠! 새로 탄생했어요.

왜 플라스틱을 재활용할까요?

플라스틱은 석유를 원료로 만들어지는데, 지구의 석유

어머나!

플라스틱 병 27개로 짠 합성섬유로 스웨터를 한 벌 만들 수 있어요. 19,000개의 통조림 깡통으로는 자동차 한 대를, 670개의 깡통으로는 자전거 한 대를 만들 수 있대요.

73

환경을 생각하는 행동들

왜 우리는 꼭 쓰레기 분리수거를 해야 할까요?

분리되지 않은 쓰레기는 곧장 쓰레기 소각장으로 향해요. 분리해 배출된 쓰레기만 재활용할 수 있다는 말이지요. 그래서 우리나라와 독일의 학교에서는 쓰레기 분리하는 방법을 가르치고 있어요.

낡은 냉장고는 어떻게 버릴까요?

밖에 그냥 내버려 두는 것은 금지되어 있어요. 반드시 유독성 쓰레기 하치장에 갖다 주어야 해요. 냉장고, 매트리스, 가구, 오래된 컴퓨터, 가전제품 등은 모두 아무렇게나 버려서는 안 되는 물건이에요. 그런 쓰레기를 따로 처리하는 하치장에서는 재활용할 수 있어요.

왜 무조건 버리기만 하면 안 될까요?

무엇이든 만들기 좋아하는 사람들에게 재활용의 대안은 바로 집 안에 있어요. 잼 통은 연필을 담아 두는 필통으로, 요구르트 병은 작은 화분으로, 신발 상자로는 사진이나 CD를 정리하고, 플라스틱 상자에서는 사슴벌레를 키울 수 있지요. 버리기 전에 어떻게 쓸 수 있는지 생각해 보는 것이 중요해요!

오래된 약은 어떻게 할까요?

오래된 약은 절대로 쓰레기통에 버리지 말고 약국에 가져다 주어야 해요. 약이 물에 들어가면 생물에 좋지 않은 영향을 줄 수 있기 때문이에요. 그래서 약을 전문적으로 수거하여 처리하는 업체에 맡겨야 해요.

왜 자연을 물감으로 칠하면 안 될까요?

우리가 사용하는 페인트, 물감, 펜, 색연필에는 자연을 병들게 하는 화학약품이 많이 들어 있어요. 그런 것들 역시 유독성 물질을 처리하는 쓰레기 하치장으로 가져가서 처리해야 하지요.

유독성 전지는 어떻게 버릴까요?

전지에는 모두 독성이 있어요. 전지를 모으는 수거함에 따로 담아 놓으면 건전지를 생산하

우리나라는 세계에서도 쓰레기 분리 배출을 잘하는 나라에 속해요.

어떻게 차에서 사용한 오일을 비울까요?

절대로 함부로 차를 손봐서는 안 돼요! 자동차에서 사용한 기름이 흘러나와 흙이나 하수도에 스며들면, 식물과 동물을 병들게 하고 강물을 오염시키니까요. 자동차 정비 업체에 가져가서 오래된 오일을 재활용하도록 해요.

는 업체가 다시 가져가지요.

유럽에서는 각기 다른 색깔의 통에 분리수거를 해요. 유리, 종이, 포장지……

있어요. 알루미늄 캔을 아무데나 버리지 않고 모으면 반짝이는 새 자전거가 되고, 플라스틱 병을 잘 분리하면 녹여서 장난감을 만들 수 있어요.

어떻게 쓰레기통을 뒤져서 크리스마스 선물을 만들 수 있을까요?

쓰레기 가운데에는 장난감으로 재활용되는 것이 꽤 많아요. 우유 팩을 잘 분리해서 버리면 카드로 다시 태어날 수

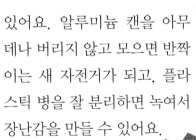

어머나!

스웨터에 달린 단추에는 1그램의 수은이 포함되어 있어요. 그 정도 양이면 50년 동안 1m³의 땅과 400리터의 물을 오염시킬 수 있어요.

지혜로운 소비

- 현대사회에서는 너무 많은 쓰레기가 버려지고 오염이 발생하고 있어요. 우리가 정말 이런 상황을 바꾸기 원한다면 모두 오염 물질을 적게 쓰도록 생활 방식을 변화시켜야 해요.

- 요즘에는 자연을 생각한다는 뜻의 '친환경 상품'이 많이 나와 있어요. 유럽에서는 꽃 모양의 특별한 상표로 친환경 제품이라는 표시를 하지요. 우리나라에도 친환경 상품을 표시하는 환경 마크가 있어요.

- 바이오 혹은 친환경 상표 외에도 현명한 소비생활을 도와주는 여러 가지 방법이 있어요.

어떻게 해야 지구를 버리지 않을까요?

일회용 컵이나 종이 냅킨, 볼펜 등은 모두 한 번 쓰고 나면 쓰레기로 변하는 것들이에요. 그 대신 천으로 된 손수건을 사용하고 잉크를 재충전하는 펜을 사용하면 쓰레기를 줄일 수 있지요. 오염은 줄이고 재활용은 늘 수 있어요.

어떻게 손을 '깨끗이' 씻을까요?

액체 비누를 사용할 경우 손을 비누로 흠뻑 젖게 하기보다는 한 방울 정도면 충분해요. 하지만 액체 비누에는 많은 양의 인산염이 들어 있어서 강에 사는 생물들을 질식시킬 수 있어요. 고체 비누는 세척 기능이 액체 비누와 거의 비슷하면서 오염도 덜 시켜요.

왜 하얗게 하는 세제를 너무 믿으면 안 될까요?

세제에는 부식성 화학약품이 많이 들어 있어요. 그래서 충분히 헹구어 완전히 세제를 씻어 내야만 해요. 부식성 물질이 강물로 흘러들어가면 물고기가 죽을 수 있거든요. 요즘에는 100% 자연 분해되는 천연 세제들이 나와 있어요.

또한 가루 비누는 같은 양의 액체 세제에 비해 오염을 덜 시키지요. 가루는 더 정확히 양을 잴 수 있기 때문이에요.

왜 섬유유연제를 많이 쓰면 안 될까요?

유연제는 물에 사는 플랑크톤을 죽여요. 물론 유연제를 사용하지 않으면 옷이 좀 까칠해지기는 하지만요.

백화점에 가면 온갖 종류의 넘쳐나는 상품들을 볼 수 있어요. 그렇다고 낭비하지 말고 꼭 필요한 물건만 사는 습관을 가지면 어떨까요?

플라스틱 병은 모든 나라에서 재활용하는 것은 아니에요.

왜 인산염이 들어 있지 않은 세제를 사용하는 것이 좋을까요?

인산염은 일부 국가에서는 판매가 금지된 물질이에요.

왜 병이 더 멋질까요?

재활용할 수 있는 유리병은 자연을 위한 멋진 선택이에요.

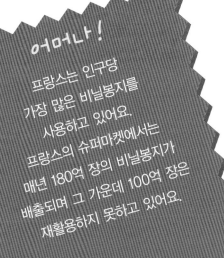

어머나!

프랑스는 인구당 가장 많은 비닐봉지를 사용하고 있어요. 프랑스의 슈퍼마켓에서는 매년 180억 장의 비닐봉지가 배출되며 그 가운데 100억 장은 재활용하지 못하고 있어요.

왜 포장 용기와 한바탕 전쟁을 치러야 할까요?

고기와 치즈, 과일, 채소 등을 담는 폴리스티렌 수지로 만든 포장 용기들은 재활용하기 어려운 플라스틱 가운데 하나예요. 가벼워서 쉽게 날아가 새가 쪼아먹기도 하지요. 새는 플라스틱 용기를 소화시키지 못하고 뱃속에 플라스틱 조각들이 가득 차 결국 굶어죽고 말아요.

왜 '화살표'를 따라가야 할까요?

포장지에 그려진 화살표 로고는 친환경적인 포장을 뜻하지요. 지방자치단체가 쓰레기 분리수거와 재활용 등을 잘할 수 있도록 돕는다는 의미예요. 그러니까 이제부터는 꼭 화살표를 따라가도록 해요.

어떻게 '바이오' 플라스틱을 만들 수 있을까요?

이탈리아의 과학자들이 바이오 플라스틱을 개발했어요. 생분해성 플라스틱으로 3주에서 두 달 정도 지나면 썩어 없어져요. 이미 널리 사용되는 제품이지요. 이 비닐봉지는 음식물 쓰레기와 함께 버리면 훌륭한 거름으로 다시 사용할 수 있어요.

왜 재생 종이는 미용에 신경쓰지 않을까요?

재생 종이는 표백을 위해 화학 물질인 염소에 담그는 과정을 거치지 않아요. 그래서 재생지가 띠는 회색빛은 그리 아름답지 않지요. 하지만 재생지가 지구를 덜 오염시킨다는 사실을 기억하세요.

어떻게 하면 지혜롭게 냄새를 없앨 수 있을까요?

어떤 스프레이 표면에는 '오존층을 보호합시다' 라는 문구가 쓰여 있어요. 1995년부터는 스프레이에 염화플루오린화탄소를 포함하지 않은 대체 물질을 사용하면서 오존은 지킬 수 있게 되었지만, 그것이 온실효과에 영향을 미치게 되었어요. 그 대체 물질이 공기 중에 많이 배출될수록 온실효과는 심해지지요. 그러니까 냄새를 없애는 스프레이 대신 샤워하는 것이 좋아요.

왜 소식가가 더 많은 쓰레기를 만들어 낼까요?

1인분으로 포장되는 음식은 깜찍하고 먹음직스러워 보여요. 하지만 그런 미니 포장들이 한꺼번에 들어 있는 것보다 몇 배나 더 많은 쓰레기를 만들어 내지요.

어떻게 나무에서 벌레를 쫓을 수 있을까요?

화학약품으로 된 살충제 대신 이런 것은 어떨까요? 계피는 개미를 쫓아내고 정향 오렌지는 진드기를 퇴치하고 라벤더를 담은 주머니나 후추, 삼나무 대팻밥은 나프탈렌보다 더 훌륭한 벌레 퇴치 기능을 가지고 있어요.

어떻게 친환경적으로 청소할 수 있을까요?

식물성 오일은 박테리아나 모기 등을 퇴치하는 데 도움을 준다고 알려져 있어요.

물때를 지울 때는 암모니아계 화학약품 대신 식초를 사용하지요. 수저를 반짝반짝 닦는다거나 창문을 닦을 때는 신문지가 좋아요.

할머니의 지혜를 빌려 볼까요? 막힌 하수구를 뚫을 때는 철사로 된 옷걸이가 쓸모 있어요.

어머나!

100장의 종이를 만들려면 2m 높이의 나무 한 그루와 50개의 전등에 해당하는 에너지, 또 50리터의 물이 필요해요. 하지만 재생 종이 100장을 만들려면 두 장의 신문지와 전등 여덟 개만큼의 에너지, 8리터의 물이 사용되지요.

천연자원

● 석탄, 석유, 천연가스 등은 에너지를 생산하는 데 사용돼요. 사람들에게 필요한 에너지의 양이 늘어나면서 그에 따르는 생산량도 계속해서 늘었지요. 하지만 일부 전문가들은 50년 안에 석유가 다 떨어질 것이라고 경고하고 있어요. 가스는 70년, 그리고 귀금속의 매장량은 30~40년 정도 남아 있어요. 지금까지 알려진 바로는 석탄은 5천억 톤 정도 남아 있는데, 그 정도면 앞으로 200~300년은 거뜬하답니다.

어떻게 석탄이 만들어질까요?

3억 년 전, 나뭇잎이 늪지의 진흙 속에 파묻혀 산소와 접촉하지 못한 채 썩지 않고 남아 있었어요. 오랜 시간이 흐르면서 나뭇잎은 땅속에서 내뿜는 열기와 진흙의 무게에 의해 익게 되지요. 그러면서 나뭇잎이 석탄으로 변하는 거예요.

왜 석탄이 다시 유행할까요?

석탄은 아직 많이 남아 있어요. 여전히 수십억, 수백억 톤의 저장량이 있을뿐더러 비교적 얕은 곳에 묻혀 있어서 채굴하는 데도 비용이 많이 들지 않지요. 하지만 석탄이 연소할 때는 석유보다 많은 양의 오염물질이 나와요. 그러니까 온실가스도 더 많이 배출한다는 뜻이에요.

석유는 어떻게 만들어졌을까요?

석유가 만들어지는 과정은 석탄과 거의 비슷해요. 5억 년 전 작은 동물들이 바다와 호수에 살고 있었어요. 그 동물들이 죽고 나면 진흙 같은 것에 파묻히고 다시 모래로 덮이게 되지요. 오랜 시간이 흐른 뒤 동물의 사체에 있던 탄소가 석유로 변신해요.

석유는 어떻게 찾을 수 있을까요?

'지진 탐사' 라는 방법을 시행해요. 거대한 기계를 떨어뜨려 그 충격파가 땅속으로 퍼져 나가면서 반사되는 성질을 분석하여 만약 그것이 불규칙하면

어떻게 물을 이용하여 전기를 생산할까요?

인류는 전기를 만드는 법을 잘 알고 있어요. 하지만 발전소에서 전기를 생산하려면 많은 양의 석탄과 석유를 사용해야 하지요. 전기를 만들 수 있는 또 다른 방법은 원자력발전이나 물의 힘을 이용하는 수력발전 등이 있어요.

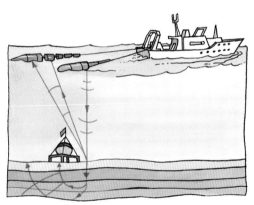

왜 우리는 바다에서 석유를 생산할까요?

땅에 있는 유전은 곧 바닥을 드러낼 것이기 때문이에요. 바다 깊은 곳에 매장되어 있는 석유를 끌어올리기 위해서는 플랫폼을 설치하고 해양 굴착기를 이용하지요.

석유가 매장되어 있음을 뜻해요. 바다에서는 '지진 대포'를 실은 배가 그와 비슷한 방법으로 유전을 찾아요. 오늘날에는 위성을 이용하여 우주에서 탐사할 장소를 알려주는 원격 탐사 방법이 이용되기도 해요.

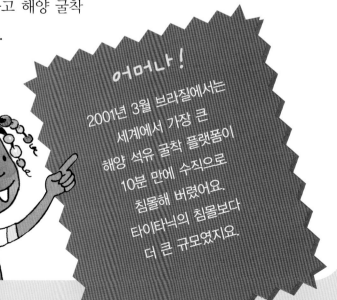

어머나!

2001년 3월 브라질에서는 세계에서 가장 큰 해양 석유 굴착 플랫폼이 10분 만에 수직으로 침몰해 버렸어요. 타이타닉의 침몰보다 더 큰 규모였지요.

어떻게 석유를 사용할까요?

석유는 휘발유와 경유처럼 자동차에 사용되는 물질과, 비행기에 쓰이는 등유, 가정용 난방이나 공장의 연료로 사용되는 중유로 나누어져요. 플라스틱은 모두 석유를 원료로 하여 만들어지고 인공 섬유에도 석유가 사용되지요. 도로의 아스팔트도 마찬가지예요. 약이나 페인트, 접착제, 화장품에도 석유가 들어 있어요. 석유가 없다면 어떻게 살아갈까요?

어떻게 석유의 저장고를 오래 보존할 수 있을까요?

석유는 작은 구멍을 뚫어서 솟구쳐 나오게 하는 것이에요. 밖으로 나오지 못한 나머지는 스펀지처럼 그 안에 배어 있어요. 그것마저 얻어 내기 위해서는 물이나 가스 등을 주입해 압력을 가해야 해요. 그러면

마치 스펀지를 짜는 것처럼 석유가 흘러나오지요. 이를 '보충 회수'라고 해요. 그런 방식으로라면 약 100년 이상 석유를 더 이용할 수 있어요.

왜 석유는 아직 끝을 맞이하지 않았을까요?

캐나다와 미국의 일부 모래에는 석유가 포함되어 있어요. 그것을 추출하려면 아주 넓은 공간이 필요해요. 하루에도 몇 톤씩 파편을 배출해야 하기 때문이에요. 그런 방식으로 5천억 톤의 석유를 더 얻을 수 있어요. 앞으로 400년 동안 사용할 양이지요. 하지만 비용이 많이 들고 폐기물도 많이 나와요.

왜 가스 저장고는 석유 저장고와 함께 있을까요?

천연가스는 석유의 사촌이기 때문이에요. 1억 년 전 동물의 사체로부터 만들어진 천연가스는 주로 북해나 중동에서 발견되지요.

우리는 어떻게 돈을 낭비할까요?

오늘날 사람들은 은을 점점 더 많이 사용하고 있어요. 그래서 저장량이 줄어들고 있지요. 그런데도 그 점에 대해 심각하게 생각하지 않아요. 사진 인화 업체들은 재사용할 수 있는 은을 강물에 마구 흘려 버려요. 그러면 은은 강물을 오염시키고 다시 사용할 수 없게 되지요.

사용하고, 철은 일상생활의 많은 부분에서 널리 사용되고 있지요. 알루미늄은 통조림 깡통뿐 아니라 우주선, 버스, 비행기에 이르기까지 여러 분야에서 쉽게 찾아볼 수 있어요. 규소는 컴퓨터의 칩을 만드는 데 사용되지요. 그런 금속들은 지구 표면에 많이 존재하지만, 무한정 쓸 수 있는 것은 아니에요.

화력발전소에서는 석탄과 석유를 태워요. 그렇게 사용된 에너지는 수증기로 변하지요. 그때 발생한 수증기는 터빈을 돌려 발전기를 움직이게 해요. 발전기는 터빈의 회전 에너지를 전기로 바꾼답니다.

어떻게 하면 땅속에 있는 유용한 금속을 지킬 수 있을까요?

한 번 쓰고 나서 버리지 말고 재사용하는 것이 좋아요. 납 전지는 이미 재사용을 시행하고 있지만, 아직 더 발전시키고 노력해야 할 과제들이 많이 남아 있어요.

왜 금속은 그렇게 중요할까요?

금속은 현대인들의 삶에 중요한 역할을 해요. 전기를 전달하는 데는 구리를

어머나!

우리는 매년 드럼통으로 270억 개에 달하는 기름을 소비하는데, 그 가운데 절반은 자동차 연료로 사용되고 있어요. 통 하나에는 159리터가 들어가니까 계산해 보면 얼마나 되는지 알 수 있겠지요?

친환경 에너지

- 태양과 바람, 바다의 힘과 지구의 열 등은 모두 재생 가능하고 영원한 에너지를 생산할 수 있어요. 환경에 좋지 않은 영향을 미치지도 않지요. 그래서 미래에는 석유나 석탄, 천연가스를 대체할 여러 에너지원을 개발하는 것이 중요해요.

- 태양에너지는 일본, 미국, 오스트레일리아 등에서 흔히 사용하고 있어요. 하지만 전 세계적으로 보면 아직 0.0025%밖에 사용하지 않아요. 그에 비해 석유 사용 비율은 40%나 되지요.

- 바람의 힘을 이용하는 풍력 에너지는 북유럽과 스페인, 미국의 캘리포니아 등지에서 많이 사용하고 있어요.

왜 풍력 에너지는 환영을 받을까요?

만약 지구에서 부는 바람을 모두 이용할 수만 있다면 우리는 필요한 양의 350배나 되는 전기를 생산할 수 있어요. 바람이라는 자원은 절대 고갈되지 않고 공해도 일으키지 않는 매우 훌륭한 해결책이에요.

왜 풍력발전기는 그렇게 클까요?

높은 곳이라야 바람이 더 세게 불기 때문이에요. 그래서 더 높게 짓고 있어요. 평균적으로 풍력발전기의 높이는 40m 정도여서 매우 튼튼하고 견고해야 해요. 프로펠러의 지름은 30~40m이고, 두께도 상당해서 최대한의 바람을 이용하도록 만들어졌어요.

왜 풍력발전을 비판할까요?

어떤 사람들은 풍력발전이 평화로운 시골 풍경을 해친다고 말해요. 게다가 커다란 프로펠러가 회전하면서 시끄러운 소음을 만들어 내고 새들도 죽음을 당한다고 걱정하지요.

바람이 잠잠할 때는 어떻게 할까요?

바로 그것이 풍력발전의 문제점이에요. 바람이 없으면 발전기는 바람을 만들어 낼 수

온천이 없다면 지열발전은 어떻게 이루어질까요?

땅속에 펌프를 심어서 열을 끌어모아요. 펌프를 지하수 층까지 심으면 섭씨 60도까지 올라가는 지하수의 열을 이용하여 난방을 할 수 있어요. 아이슬란드의 수도인 레이캬비크에서는 그런 방식으로 난방을 하지요. 지열은 또한 북극 지방에서 온실 재배로 키위를 키우는 일도 가능하게 한답니다.

없어요. 그래서 풍력발전기는 바람이 많이 부는 바닷가나 언덕 위에 설치하지요. 미래에는 빙산 위에 지어질지도 몰라요.

바람에 의해 움직이는 풍력발전기의 프로펠러는 터빈을 돌려서 전기를 생산해요.

수를 이용해서 전기를 생산할 수도 있어요. 그런 지열발전소는 1904년 이탈리아의 토스카나에 최초로 세워졌어요.

어떻게 온천을 데울까요?

일부 지역에서는 땅속의 온도가 매우 높아요. 그래서 땅속으로 흘러들어간 빗물이 끓으면서 다시 지상으로 솟구치기도 하지요. 그것이 바로 온천 지대예요. 그렇게 솟구친 온천

어머나!
현재 독일에 있는 180m 높이의 풍력발전기가 세계에서 가장 커요. 그것은 무려 60층짜리 건물과 맞먹는 높이예요. 2004년부터 작동을 시작했어요.

어떻게 집 안에서
태양열을 사용할까요?

먼저 태양열을 모으는 검은 패널을 지붕에 설치해야 해요. 그 태양열 집광판은 유리로 코팅되어 열을 더 꽉 붙잡아 둘 수 있어요. 그런 다음 태양열 집광판 안에 수도관을 설치하여 물의 온도를 높이지요. 그렇게 데워진 물을 집 안에서 사용해요.

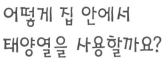

햇빛이 나지 않는 날은
어떻게 할까요?

태양에너지 설비 안에 보온 시설이 되어 있어서 날씨가 좋지 않더라도 하루 이틀 정도 따뜻

한 물을 사용할 수 있어요. 그 기간이 너무 짧다고 걱정하지는 마세요. 또 다른 방법이 있으니까요.

어떻게 집 안에서
일광욕을 할까요?

단열이 잘 되는 창문 안쪽에서 편안히 쉬어요. 잘 만들어진 이중창은 집 안에 있는 열기가 밖으로 나가지 않도록 잡아 놓지요. 그것이 특별한 장치를 하지 않아도 얻을 수 있는 '소극적 태양열'의 이용 방법이에요.

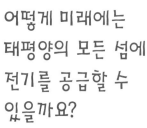
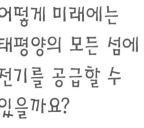

어떻게 미래에는
태평양의 모든 섬에
전기를 공급할 수
있을까요?

해양발전소 덕분이에요. 열대 지방의 바다는 표면의 뜨거운 물과 깊은 바다 속의 차가운 물의 온도 차이가 매우 커요. 그 온도 차이에서 발생하는 열

로 전력을 생산할 수 있지요. 참 똑똑하지 않나요?

어떻게 쓰레기를
가스로 만들까요?

우리가 먹고 버리는 과일 껍질이나 식물에서 떨어진 잎사귀, 달걀 껍질 등으로 바이오 가스를 생산할 수 있어요. 그런 쓰레기들을 특수한 용기에 넣어 두고 며칠간 발효되기를 기다리기만 하면 된답니다.

어떻게 수은 전지를
대체할 수 있을까요?

미래의 전지는 더 유기적이 될 거예요. 이를테면 소화 과정을 통해 전기를 생산하는 박테리아처럼요. 이 '바이오 전지'의 사용은 무한해요. 소금물로 박테리아에 먹이만 제공하면 되니까요.

왜 바다는 '푸른 광산'일까요?

석탄은 다른 표현으로 '검은 에너지', 물은 '하얀 에너지' 라고 해요. 그리고 바다의 힘을 이용하여 생산하는 전기를 '푸른 에너지'라고 불러요. 프로펠러가 설치된 기계가 바닷가나 강의 어귀 등 조수 간만의 차가 큰 곳에 설치되면 물의 힘으로 돌아가면서 전기를 만들어 내지요. 그것을 '조력에너지'라고 한답니다.

거울은 태양광을 모아서 매우 높은 온도에서 물을 데우도록 해 주어요. 그렇게 데워진 물로 모터를 돌려서 전기를 생산하지요.

꾸어 이용하지요. 지구에서도 햇빛이 강한 나라에서는 이렇게 청정에너지를 이용하고 있어요.

우주의 위성은 어떻게 움직일까요?

인공위성은 태양에너지를 이용해요. 지구로부터 우주까지 전깃줄을 이을 수는 없으니까 '광전지' 판으로 태양빛을 모으고 그 에너지를 전기로 바

어머나!

프랑스의 랑스에 있는 발전소는 세계에서 가장 큰 조력발전소예요. 둑의 길이만 400m로 그곳에서 일하는 기술자들은 자전거를 타고 이동한대요. 하지만 규모가 큰 조력발전소는 바다의 환경을 바꾸어 놓기 때문에 주의해야 해요.

원자력 에너지

- 전기는 원자력발전소에서 생산하는 에너지 가운데 하나예요.

- 원자력 에너지는 '방사성' 물질을 가진 특수한 암석에서 추출해 내는 힘이에요. 오늘날에는 세계 전체의 전기 생산량 중 평균 13.8%가량이 원자력으로 이루어지지요. OECD 국가는 평균 10.9% 정도예요. 프랑스는 원자력 에너지를 많이 사용하는 나라들 중 하나인 반면, 이탈리아는 전혀 이용하지 않아요.

- 원자력 에너지는 대기를 거의 오염시키지 않는다는 장점이 있어요. 하지만 위험성을 가진 폐기물을 발생시킨다는 단점이 있지요.

원자력은 어떻게 작용할까요?

19세기의 과학자인 피에르 퀴리와 마리 퀴리 부부는 '방사능'이라는 자연 상태에서의 특이 현상을 발견했어요. 일부 광석에서 빛이 나는 것이었지요. 그 결과 '우라늄'이라는 방사능 광석으로부터 전력을 생산하는 원자력 에너지를 발생시키게 되었어요.

왜 원자력발전소의 폐기물은 문제가 될까요?

원자력발전소의 폐기물은 '핵분열'을 하고 남은 것들을 말해요. 발전 과정에서 방사선에 노출된 금속이나 발전소 근로자들의 안전복 등이 포함되지요. 그런 폐기물의 방사능은 매우 강해서 방사능 물질을 배출해요. 그것은 수천 년, 심지어 수십만 년 동안 치명적일 수도 있어요.

왜 방사능은 사람한테 해로울까요?

방사선은 매우 강해서 사람의 몸에 침투하여 정상적인 기능을 망가뜨릴 수 있어요. 그래서 등에 혹이 나는 등 기형이 되거나 중병을 얻기도 하지요. 그것은 식물이나 다른 동물들에도 마찬가지예요.

왜 원자력은 장점이 많을까요?

원자력발전소는 고위험성 발전소로 구분돼요. 하지만 정유회사나 화력발전소 등과는 달리 원자력발전소는 독성 가스를 전혀 발생시키지 않아요.

부터는 그 방법을 금지하는 법이 제정되었어요.

지금은 어떻게 처리할까요?

아직까지 최선의 방법을 찾지 못했어요. 그래서 방사성 폐기물을 가두어 두고 있어요. 폐기물을 냉각시켜 유리나 아스팔트 속에 넣어 두지요. 그중에서도 가장 위험한 폐기물은 지하수가 통하지 않는 암반에 저장하는데 당연히 그 근처에서는 아무도 살고 싶어하지 않겠지요. 그래서 1,000년 정도는 폐기물이 어디에 묻혔는지 기억하고 주의해야 해요.

원자력발전소에서 나오는 것은 수증기가 전부예요. 밥솥에서처럼 말이에요!

프랑스에는 56개의 원자력발전소가 매년 6만 톤의 방사능 폐기물을 발생시키고 있어요.

아 가능한 한 멀리 떨어진 바다 속에 묻었어요. 하지만 오랜 시간이 지나 드럼통이 부식되면서 내용물이 드러나게 되었지요. 그래서 1983년

전에는 어떻게 방사성 폐기물을 버렸을까요?

가장 위험한 것으로 판단되는 방사성 폐기물은 드럼통에 담

어머나!

우라늄은 가장 많은 에너지를 함유하고 있는 광석이에요. 작은 진주알만한 1g의 우라늄은 석탄 2.5톤과 같은 에너지를 갖고 있어요.

체르노빌

● 1986년 4월 26일 밤, 우크라이나 체르노빌의 원자력발전소에서 50명의 사망자를 낸 폭발 사고가 발생했어요. 그로 인해 수천 명이 방사능 물질에 노출되고 넓은 지역이 위험한 방사성 구름으로 뒤덮였지요.
공장 주변의 반경 30km 지역은 그 사고로 인해 황폐해졌으며 접근이 금지되었어요. 반경 320,000km² 지역의 토양과 지하 수원이 방사능에 오염되고, 850만 명의 주민들은 매우 심각하게 방사능에 노출되었으며 4,000명의 어린이들이 갑상선 암에 걸렸어요.

어떻게 사고가 일어났을까요?

폭발이 있던 날 밤, 직원들은 새로운 장비를 시험하고 있었어요. 안전 수칙을 무시하고 4번 원자로를 저속 가동 상태에 놓은 채 긴급 상황에서의 가동 중단 장치를 켜 놓지 않은 거예요. 원자로가 100배가량 강한 에너지를 발생시키는 것을 감당하지 못하고 폭발하고 말았지요.

왜 폭발은 방사성 구름을 만들었을까요?

우라늄의 일부는 가스로 변해 10,000m 고도까지 상승했어요. 발전소는 10일 동안 불길에 휩싸여 계속 방사성 구름을 대기 중으로 배출했지요. 그것이 바람에 실려 유럽까지 이동했답니다.

어떻게 파괴된 원자력발전소를 중성화시켰을까요?

마치 파라오의 무덤처럼 원자력발전소 주변을 콘크리트 석관으로 덮어 버렸어요. 그리고 발전소 주변에 둑을 만들어 오염된 물이 강으로 흘러들어가지 못하도록 했어요. 문제는 갈라진 틈 사이로 방사능 물질이 조금씩 새어나온다는 점이에요. 너무 빠른 시일에 지었기 때문이지요.

왜 체르노빌 주변의 분위기는 우울할까요?

발전소 주변에서 살던 40만 명의 주민들은 불행하게도 방사능 물질에 많이 노출되었어요. 그래서 기형아가 태어나거나 피부와 갑상선에 특이한 병이 생기게 되었지요. 동물들 역시 비정상적인 특징이 나타났고, 식물은 성장이 매우 느리거나 비정상적으로 자랐어요.

체르노빌 발전소는 1977~83년에 세워졌고, 네 개의 원자로에서 전력을 생산했어요.

방사능 폭발이 있을 때는 어떻게 피부를 보호할까요?

콘크리트나 납으로 덮인 동굴 같은 곳으로 들어가야 해요. 그 두 물질이 방사능 물질 가운데에서도 가장 강력한 감마선의 침투를 막을 수 있기 때문이에요. 알파선의 경우에는 그보다 훨씬 약해서 종이 한 장 정도면 피해를 막을 수 있어요.

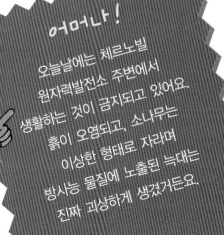

어머나!

오늘날에는 체르노빌 원자력발전소 주변에서 생활하는 것이 금지되고 있어요. 흙이 오염되고, 소나무는 이상한 형태로 자라며 방사능 물질에 노출된 늑대는 진짜 괴상하게 생겼거든요.

댐

- 19세기부터 사람들은 댐에 물을 가두어 전기를 생산해 왔어요. 이 '수력' 에너지는 전 세계 인구가 사용하는 전기의 15.6% 정도(2007년 통계)를 담당해요.

- 지구에는 20m 높이가 넘는 댐이 40,000개 정도 있어요.

- 댐은 쓰레기와 대기오염을 발생시키지 않는 청정에너지예요. 하지만 그 거대한 콘크리트 장벽은 아름다운 자연의 풍경을 해치고 생태계를 파괴하지요. 따라서 댐을 건설하기 전에 그 영향에 대해 자세히 연구해야만 해요.

댐은 어떻게 작동할까요?

댐을 만들어 강물이나 빗물을 저수지에 가두어 놓아요. 그곳에 물이 많이 모이면 점점 더 압력이 세어지지요. 마침내 댐의 수문이 열리면 물이 전속력으로 떨어지면서 전기를 생산하는 터빈을 가동시켜요.

왜 댐은 그렇게 거대한 규모일까요?

당연히 한 번에 더 많은 물을 가두어 놓기 위해서예요. 물의 양이 많을수록 더 많은 전기를 생산할 수 있으니까요. 지구상에는 200m가 넘는 엄청난 높이의 수력발전용 댐이 26개나 있어요.

왜 댐은 많은 장점을 가지고 있을까요?

댐은 오랫동안 사용할 수 있어요. 유지하기도 간단하고 한 번에 여러 가지 용도로 사용될 수 있지요. 전기를 생산하고 홍수에 대비하여 수량이 증가한 물을 가두어 놓을 수도 있으니까요.

왜 댐은 모두를 만족시킬 수 없을까요?

강물을 거슬러 올라가는 뱀장어나 연어는 댐으로 인해 물길이 막혀 버렸어요. 그래서 오늘날에는 물고기를 댐의 높은 곳까지 이동시키는 엘리베이

수력발전용 댐은 물의 에너지를
전기로 바꾸어 주지요.

왜 댐 근처의 물에서는 악취가 날까요?

고여 있는 물이기 때문이에
요. 더운 지역의 호숫물은 그
야말로 썩은 수초와 미생물,
지렁이 들로 오염되어 있고
가라앉은 진흙은 끈적끈적하
지요. 물고기는 더 이상 살
수 없고, 물을 마신 사람들도
질병을 얻게 돼요. 전기에서
는 냄새가 나지 않으니까 그
나마 다행이에요.

터 같은 장치를 만들었지요.
아니면 계단 형식으로 한 칸
한 칸 이동하는 좀 더 운동이
필요한 방식도 있어요.

집을 잃었고 3,000년 전에 지
어진 고대 사원들이 다른 곳으
로 옮겨갔지요. 그 결과 강물
은 더 이상 범람하지 않았지
만, 비옥한 진흙을 운반하여
농토에 영양을 공급하지 못하
게 되었어요. 또한 델타 지역
강물의 흐름이 약해져서 지중
해의 짠물이 쉽게
흘러들고 있어요.

어떻게 아스완 댐은 엉망이 되었을까요?

이집트의 아스완 댐은 1970년
건설되면서 엄청난 면적의 땅
이 물에 잠겼어요. 10만 명이

어머나!
중국은 세계에서 가장 큰 댐을
건설하고 있어요.
그로 인해 벌써 13개의 도시와
4,500개의 마을이 물에 잠겼고
2백만 명의 주민들이
이주해야 했어요.

물의 위기

왜 우리는 이전보다 더 많은 양의 물을 사용할까요?

인구가 전보다 많이 증가하고 현대적인 산업과 농업이 더 많은 양의 물을 필요로 하기 때문이에요. 기술의 발전이 물을 많이 소비하는 기계들을 만들어 냈지요. 예를 들어 세탁기는 한 번 빨래할 때마다 70~120리터에 달하는 물을 사용해요.

- 지구는 많은 부분이 물로 덮인 '푸른 행성'이지만, 인간이 사용할 수 있는 물은 그 가운데 극히 일부분이에요.

- 문제를 더 복잡하게 하는 것은 마실 수 있는 물이 지구 전체에 골고루 분포되어 있지 않다는 점이지요.

- 백여 년 전부터 물의 사용이 크게 늘었고, 수질오염으로 인해 마실 수 없는 물도 많아졌어요. 물이 비록 재생 가능한 자원이기는 하지만, 인류는 마실 수 있는 물이 무한하지 않다는 사실을 생각해야만 한답니다.

우리는 어떻게 물을 낭비할까요?

티끌 모아 태산이라는 말이 있잖아요. 각 가정으로 물을 운반하는 수로가 잘 관리되지 못해 새어나가는 물이 많답니다. 유럽에서는 수돗물의 25%가 이동하는 도중에 사라진대요.

사막으로 향하는 관문인 이집트의 카이로에서는 무려 절반 가까이 낭비되지요. 우리나라에서도 상수도 관으로 흐르는 물의 12.8%가 새어나가는데, 무려 7억 3천만 원이 낭비되는 것이랍니다.

왜 물이 충분하다고 말할까요?

사람들이 그만큼 물을 많이 사용하기 때문이에요. 유럽에서는 한 사람이 하루에 150리터의 물을 소비하고 있어요. 미국 사람들은 300리터를 사용하고요. 하지만 마다가스카르에서는 한 사람이 하루를 살아가는 데 단 5리터면 충분해요.

왜 들판은 '물고래'일까요?

전 세계적으로 물의 70%가 농업에 사용되고 있어요. 더운 지역에서는 물이 땅에 닿기도 전에 증발하기 때문에 식물은 물을 충분히 마시지 못해요. 그래서 식물의 뿌리까지 미세한 관을 연결하여 물을 조금씩 흘려보내 주지요. 식물이 수혈을 받는 것이랍니다.

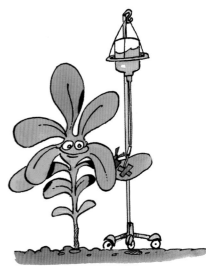

매년 3백만 명의 5세 이하 어린이들이 물을 마시지 못해 죽어 가요.

니면 소금기를 걸러 내는 필터를 사용할 수도 있어요. 사우디아라비아나 카나리 제도에서는 소금기를 제거한 바닷물을 마셔요.

왜 소금물은 우리를 구해 줄 수 있을까요?

바다에서 갈증으로 죽는 것은 매우 안타까운 일이에요. 그래서 물을 증발시켜 바닷물의 소금기를 없애 민물로 만드는 방법을 생각해 냈어요. 소금기가 없는 수증기를 모아서 식히면 먹을 수 있는 물이 되지요. 아

어머나!

물이 없다면 어떻게 될까요?
1kg의 종이를 만드는 데에는 250리터의 물이 필요하고 같은 양의 철을 만들려면 500리터, 쌀을 생산하려면 4,500리터가 필요해요.

어떻게 물을 기발하게 만들어 낼까요?

칠레의 건조 지역에 위치한 마을에서는 지속적으로 안개가 끼어 주민들이 안개 잡는 필터를 설치했어요. 그물 형태의 필터는 안개의 작은 물방울을 흡수하여 물이 모이면 마을의 저수지까지 이동시키지요. 이렇게 물기를 흡수하는 필터는 안개가 자주 발생하는 사막 지역에서 유용하게 쓰일 수 있어요.

물의 정화는 어떻게 이루어질까요?

짠물은 복잡한 과정을 거쳐 소금기를 없애요. 큰 물질들을 거르는 철책을 통과한 다음 모래가 담긴 통에 넣어 기름처럼 가벼운 물질이 수면으로 떠오르게 하지요. 그런 상태로 3~4시간 정도 놓아 두면 소금기가 바닥으로 가라앉거나 제거될 수 있어요.

어떻게 박테리아가 물을 깨끗이 할까요?

정화 과정의 마지막 단계에서는 박테리아라는 미생물을 물에 풀어 남아 있는 오염 물질을 먹도록 하지요. 충분히 먹은 뒤에는 다시 박테리아를 건져 내고요. 그 과정을 절대 잊으면 안 돼요.

어떻게 마실 물이 만들어질까요?

강물을 정화하는 시설에서 깨끗한 물을 만들어요. 그곳에서

물에 세균이나 박테리아는 없는지 확인한 다음 화학물질이나 질산염이 없는지도 검사하지요. 물은 그렇게 우리가 수돗물로 사용할 때까지 전부 63단계의 과정을 거친답니다. 우리가 매일 사용하는 물은 하늘에서 그냥 뚝 떨어진 것이 아니에요.

왜 유럽에서도 마실 물이 부족할까요?

정화 시설에는 비료에서 나온 질산염을 거르는 필터가 설치되어 있지만, 완벽하지는 못해요. 그래서 일부는 제거되지 않고 수돗물로 제공되지요. 영국에서는 수돗물을 바로 마시는 것을 금지하는 날도 있어요. 자, 모두 음료수 한잔 할까요?

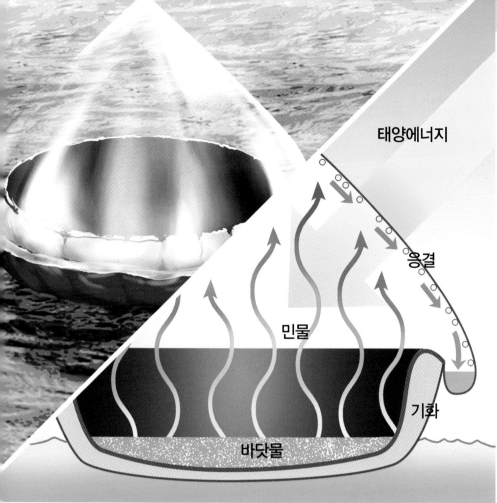

태양에너지

응결

민물

기화

바닷물

어떻게 유럽 사람들은 물의 혜택을 받을까요?

2005년 유럽의 모든 도시는 정화 시설을 갖추게 되었어요. 하지만 그것은 전 세계에 해당하는 이야기는 아니에요. 개발도상국에는 여전히 마실 물이 부족하지요. 병원균이 있는 물을 마시고 병에 걸리기도 하고요. 세계적으로 1,200만 명이 깨끗한 물이 없어 고통받고 있으며, 매년 120~270만 명이 오염된 물로 인해 사망하고 있어요.

만 원이에요!

을 모아 사용하게 하는 복잡한 장치를 생각한다면 매우 안타까운 일이에요. 어쩌면 미래에는 두 종류의 수도가 생길지도 몰라요. 하나는 지금처럼 마실 수 있는 수돗물과 다른 하나는 세탁이나 정원, 화장실 등에서 사용하는 수돗물로 말이에요.

왜 마실 물을 지나치게 사용해서는 안 될까요?

마실 수 있는 물을 실제로 마시는 것은 1%밖에 되지 않아요. 나머지 물로는 목욕하고, 청소하고, 세차하는 데 사용하지요. 하지만 마실 물을 만드는 데 많은 비용이 들고 빗물

어머나!

유네스코는 최신 연구에서 물이 가장 오염된 10개국을 발표했어요. 르완다, 중앙아프리카, 브룬디, 부르키나, 나이지리아, 수단, 요르단, 인도, 모로코, 벨기에 순이에요.

낭비는 이제 그만!

매일 먹고, 씻고, 난방하는 일상적인 활동은 모두 에너지를 소비하는 일이에요. 그 에너지를 만들려고 우리는 가스와 석유, 석탄, 그리고 많은 양의 물을 사용하지요. 발전소는 쓰레기를 만들어 내고, 댐은 생태계를 파괴해요. 그래서 우리는 날마다 자원을 낭비하지 않고 현명하게 사용하도록 주의해야 해요. 미리 대비하지 않으면 미래에는 깨끗한 물이 없는 힘든 생활을 해야 할지도 몰라요. 우리가 '지속 가능한 발전'을 어떻게 실행하느냐에 전 세계의 미래가 달려 있어요.

어떻게 난방비를 줄일 수 있을까요?

잠깐 외출할 때는 난방 온도를 낮추고, 며칠 동안 집을 비울 때는 아예 전원을 꺼요. 집을 지키는 고양이에겐 좀 안된 일이긴 하지만요.

어떻게 친환경적으로 잘 수 있을까요?

잠잘 때 난방을 최고로 올리는 것은 좋지 않아요. 온도가 낮을수록 더 깊은 잠에 빠질 수 있거든요. 그렇다고 자는 동안 꽁꽁 얼어서는 안 되니까 적정한 온도로 방은 섭씨 16~18도, 거실 19도, 목욕탕은 21도 정도로 맞춰 놓으면 좋아요.

왜 바람을 막을수록 더 따뜻할까요?

집을 철저히 단열하면 열기가 빠져나가지 않아서 에너지 사용을 줄이고 난방비를 절약할 수 있어요. 이중창이나 이중 커튼 등을 설치하면 집 안의 온도를 따뜻하게 유지할 수 있지요. 문틈 사이를 막으면 바람이 들어오는 것을 막을 수 있고요. 대신 매일 환기를 잘해 주어야 해요.

왜 가전제품의 문은 닫혀 있어야 할까요?

작동 중인 전자제품의 문을 여는 것은 에너지를 많이 소모하는 일이에요. 그러니까 괜히

거리의 조명을 밝히는 것은 반드시 해야 할 일이에요. 하지만 빈 사무실에 불을 켜 놓는 것은 쓸데없는 일이지요.

거해서 냉장고를 거대한 빙하로 만들지 마세요.

왜 먼지를 터는 것이 환경에 도움이 될까요?

전등의 먼지를 닦으면 40% 가량 더 밝은 빛을 볼 수 있어요. 그래서 전등을 여러 개 밝힐 필요가 없지요. 당연히 전기도 절약할 수 있고요. 물론 불을 끈 상태에서 닦아야 하는 것을 잊으면 안 돼요!

냉장고 문을 여닫거나 한창 요리를 하고 있는 오븐을 열거나 세탁기가 돌아가는 도중에 (고양이가 들어간 게 아니라면!) 문을 열지 마세요.

왜 성에는 냉장고의 적일까요?

성에가 많을수록 냉장고 안이 덜 차갑기 때문이에요. 또한 냉장고 안에 5mm의 얼음이 생기면 정상일 때보다 무려 세 배나 전기를 더 사용하게 되지요. 그러니까 자주 성에를 제

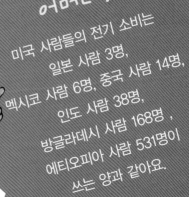

어머나!

미국 사람들의 전기 소비는
일본 사람 3명,
멕시코 사람 6명, 중국 사람 14명,
인도 사람 38명,
방글라데시 사람 168명,
에티오피아 사람 531명이
쓰는 양과 같아요.

어떻게 칼로리를 소비하면서 에너지 소비를 줄일 수 있을까요?

미국의 한 헬스클럽에서는 사람들이 운동하며 쓰는 에너지로 전기를 생산해 내고 있어요. 운동 기계와 전기 장치를 연결하여 이두박근을 만들면서 동시에 난방을 하고 불을 밝히도록 한 것이지요. 어쩌면 집에서도 비슷한 일을 할 수 있을 거예요. 아빠가 열심히 페달을 돌리는 동안 우리는 신나게 게임을 하는 거예요!

어떻게 '친환경적'인 것이 '낭만적'일까요?

멕시코의 한 도시에서는 가로등을 모두 고효율 전등으로 바꾸고 바닥을 향하도록 했어요. 그리하여 전기 사용은 절반으로 줄이고 보도를 더 환하게 밝힐 수 있었어요. 그뿐 아니라 밤하늘에서 밝게 빛나는 별을 가리지 않아서 더욱 낭만적

인 밤거리가 되었답니다.

어떻게 지구를 건조시키지 않으면서 빨래를 말릴 수 있을까요?

건조기는 많은 양의 전기를 필요로 해요. 그러니까 만약 집에 마당이나 옥상 혹은 베란다가 있다면 빨래를 빨랫줄에 널어 말리는 것이 좋아요. 겨울에는 빨래 건조대를 햇볕이 잘 드는 창문 안쪽이나 난방기 앞에 놓는 것만으로 충분해요.

부모님이 물건을 살 때 어떻게 좋은 의견을 말할까요?

부모님이 새 냉장고를 산다고 하면, 에너지를 적게 쓰는 것을 추천하면 돼요. 냉장고 가격이 조금 더 비싸지만, 장기적으로 보면 전기료를 아낄 수 있어요. 전기를 적게 쓰는 경제적인 전자제품은 1등급, 많이 쓰는 것은 5등급으로 표시되어 있어요.

만약 부모님이 첫번째 의견을 받아들였다면 두 번째 단계를 실행해 보세요. 소비 전력이 낮은 전구를 사는 거예요. 고효율 전구는 일반 전구보다 다섯 배나 적은 양의 에너지를 사용할 뿐만 아니라 사용 기간은 여덟 배나 더 길어요. 부모님은 전기료를 아낄 수 있고

히 꺼지지 않아서 계속 전기를 소비하지요. 사실 텔레비전이 켜져 있을 때보다 대기 상태에 있을 때 더 많은 에너지를 사용하기도 해요. 대기 상태의 텔레비전을 완전히 끄려면 플러그를 뽑아 놓으면 돼요. 불빛이 꺼지면 그제야 텔레비전도 편하게 잠잘 수 있어요.

전기를 아끼기 위해서는 건조기를 사용하기보다 빨래는 빨랫줄에 널어서 말려요.

우리는 용돈을 더 받을지도 몰라요.

왜 텔레비전은 항상 빛날까요?

텔레비전은 집 지키는 강아지처럼 항상 잠들지 않고 눈만 감은 채 언제든 켜질 준비를 하고 있어요. 플러그가 콘센트에 꽂혀 있는 텔레비전은 완전

어머나!

유럽 사람들 모두가 대기 상태에 있는 가전제품을 완전히 끈다면 원자력발전소 여섯 곳이 문을 닫을 수 있어요. 전기요금을 15%나 줄일 수 있고요.

작은 틈새는 어떻게 막을 수 있을까요?

수도꼭지에서 1분에 열 방울의 물이 떨어진다면 하루에 총 12리터, 일 년이면 무려 4,380리터의 물이 낭비되는 거예요. 그 정도면 아프가니스탄 사람 한 명이 3년 동안 쓸 수 있는 양이지요. 집에 물이 새는지 알기 위해서는 잠자기 전에 수도계량기를 확인하고 수도꼭지를 모두 잠가 물이 흐르지 않도록 해요. 자고 일어나서 수도계량기를 다시 확인했을 때 숫자에 차이가 있다면 물이 새거나 몽유병에 걸렸거나 둘 중 하나일 거예요.

물이 흐르도록 내버려 둔다면 36리터의 물을 낭비하는 셈이고, 일 년 동안 매일 그렇게 아침 저녁으로 한다면 26,280리터의 물이 낭비되는 거예요. 그런 낭비를 막으려면 입을 헹굴 때 컵을 사용하고 수도꼭지를 꽉 잠가요. 참 쉽지요?

어떻게 물을 낭비하지 않고 볼일을 볼까요?

물을 절약하기 위해 두 개의 레버가 달린 변기가 있어요. 소변을 볼 때는 3리터 레버를, 대변을 볼 때는 9리터 레버를 선택하면 돼요. 그런 변기가 아니라면 변기 물통에 작은 병을 넣어 두면 물을 절약할 수 있어요. 아마 부모님이 무척 좋아할 거예요.

왜 욕조에서 목욕하는 것은 좋지 않을까요?

욕조에서 목욕을 하면 샤워할 때보다 물을 세 배나 많이 쓰게 돼요. 욕조에서 목욕할 때는 200~300리터의 물을 쓰는 반면, 샤워할 때는 60~120리터가 필요하지요.

어떻게 '친환경적인 목욕'을 할 수 있을까요?

목욕하는 것을 정말 좋아해서 샤워만으로 절대 만족할 수 없다면 좋은 해결 방법이 있어요. 목욕한 물로 청소를 하거나 화분에 물을 주는 거예요. 그렇지만 방바닥에 물을 흘리지는 마세요.

어떻게 친환경적으로 이를 닦을까요?

수도꼭지를 1분 동안 틀어 놓으면 12리터의 물이 흘러요. 만약 이를 닦는 3분 동안 계속

일본 사람들은 어떻게 지구를 위해 실천하고 있을까요?

일본의 일부 건물들은 물을 정화하여 재사용하고 있어요. 샤워를 하거나 설거지한 물을 변기물로 다시 사용하지요. 우리나라에도 물을 재사용하거나 빗물을 받아 사용하는 건물들이 있어요.

어떻게 친환경적인 화장실을 만들 수 있을까요?

환경운동가들은 마른 화장실이라는 개념으로 설명해요. 실내에 물기가 스며드는 것을 막고 변기 대신 대팻밥이 가득한 통을 사용하지요. 그리고 대팻밥 위에서 볼일을 보는 거예요. 나무가 냄새를 잡아 주고 나중에 그것을 비료로 활용하지요. 주말이면 정원으로 나가 가득 찬 통을 비우면 끝이에요.

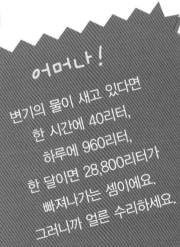

어머나!

변기의 물이 새고 있다면 한 시간에 40리터, 하루에 960리터, 한 달이면 28,800리터가 빠져나가는 셈이에요. 그러니까 얼른 수리하세요.

103

멸종된 동물들

- 동물이 사라지는 것은 '자연의 선택'이라는 점에서 어쩌면 당연한 일인지도 몰라요. 자연의 변화에 잘 적응하지 못한 약한 동물들이 사라지는 것이지요. 그것을 '멸종'이라고 해요.

- 하지만 문제는 인간이 그런 주기를 앞당기고 있다는 사실이에요. 오늘날 생물의 멸종 속도는 '대규모 멸종'이라고 불러야 할 만큼 빨라졌어요.

공룡은 어떻게 사라졌을까요?

과학자들은 소행성이나 운석이 지구와 충돌했기 때문일 거라고 설명해요. 그런데 어떻게 다른 포유류들은 살아남을 수 있었을까요? 몸집이 작은 동물들만 살아남았어요. 공룡은 몸집이 너무 커서 멸종했어요. 그러면 무게가 1kg밖에 나가지 않은 공룡은 왜 사라졌느냐고요? 학자들은 화산이 폭발하면서 공룡이 더위를 견디지 못했다고 설명해요.

왜 매머드는 살아남지 못했을까요?

코끼리의 사촌인 매머드가 얼마 전 시베리아의 빙하에 갇힌 채 원형 그대로 발견되었어요. 하지만 우리는 수백만 년 전 매머드가 어떻게 사라졌는지 원인을 알지 못해요. 병에 걸렸는지, 사냥 때문인지, 기후 변화에 적응하지 못한 탓인지 아직 정확하게 알 수 없어요.

자연의 선택은 어떻게 이루어질까요?

자연은 정글의 법칙이 지배해요. 장애를 가진 동물은 적응하지 못하면 쫓겨날 수밖에 없어요. 호랑이의 기다란 송곳니가 불편할 수도 있다는 뜻이에요. 긴 송곳니 때문에 먹이를 먹을 때 입을 아주 크게 벌려야 하지요.

왜 늑대는 사라졌을까요?

오스트레일리아의 유대류 중

매머드는 수천 년 전에 멸종했어요. 하지만 그 원인이 기후 변화 때문인지, 질병 때문인지, 사냥 때문인지는 아직까지 알려지지 않고 있어요.

왜 도도새는 영원히 잠들게 되었을까요?

1598년 네덜란드의 선원들이 도도새가 살고 있던 모리셔스 섬에 처음 도착한 뒤로 새를 구워 먹을 생각으로 전부 사냥해 버렸어요. 선원들이 데려온 돼지와 개 들도 사냥에 동참했지요. 그 결과 1680년 마지막 도도새가 프라이팬에 올려졌답니다.

왜 더 이상 바위에 오로크를 그리지 않게 되었을까요?

선사시대의 동물들 중 하나인 오로크는 사냥으로 멸종의 희생자가 되기 전까지 그림에 자주 등장했어요. 하지만 많은 노력에도 불구하고 17세기부터 오로크를 더 이상 볼 수 없게 되었어요.

하나인 태즈메이나아주머니 늑대는 1933년에 멸종했어요. 사람들이 양을 잡아먹는 늑대를 전부 사냥했기 때문이지요. 그 밖에도 곰, 상어 같은 동물들도 사냥해서 멸종시켰지요. 그들을 보호하는 것은 쉽지 않지만, 계속 노력해야 해요.

어머나!

전문가들은 매시간마다 알려진 동물이든 아니든 두세 가지 동물이 멸종하고 있다고 말해요. 이런 속도라면 50년 안에 지금 존재하는 동물의 4분의 1이 사라지고 말 거예요.

멸종 위기의 동물들

- 4년에 한 번씩 국제자연보호연맹(IUCN)은 세계적으로 멸종 위기에 빠진 동물들의 '레드 리스트'를 발표하지요. 포유류 가운데 5분의 1, 조류의 8분의 1, 개구리나 두꺼비 같은 양서류의 3분의 1, 거북 중에는 무려 절반가까이 멸종 위기에 처해 있어요.

- 사냥, 어업, 밀렵, 환경오염, 동물이 살아가는 터전을 파괴하는 행위, 특히 숲이나 늪 지대를 없애는 것 등이 많은 동물을 멸종시키는 원인이 되고 있어요.

왜 개구리는 두려워하고 있을까요?

개구리의 피부는 자외선에 매우 약해요. 개구리들이 주로 살고 있는 늪지대는 기후 변화와 사막 지대의 확장으로 말라가고 있지요. 개구리들은 안전하게 살 만한 곳이 어디인지 더 이상 알 수 없어요. 그래서 양서류의 수는 계속 감소하고 있답니다.

왜 호랑이가 사라지고 있을까요?

살충제 때문이에요. 사람들은 나무를 베고 정글을 없애 자신들의 집을 짓고 살았어요. 살충제 덕분에 숲 속에서도 모기를 걱정하지 않게 되었거든요. 호랑이가 사냥해서 먹고 살려면 넓은 숲이 필요한데 그 공간은 점점 좁아졌어요. 그래서 호랑이의 숫자도 점점 줄어들고 있어요.

왜 판다는 수가 적을까요?

판다는 대나무의 잎만 먹고 살아요. 판다는 매우 예민하고 대나무 또한 사람들에 의해 많이 베어졌어요. 그래서 전 세계적으로 자연 상태에서 살고 있는 판다는 이제 천여 마리밖에 되지 않아요. 동물원에서 판다 새끼가 태어나는 것은 매우 드문 일이에요.

어떻게 한 종류의 생명체가 사라지는 것이 눈덩이가 불어나는 듯한 결과를 가져왔을까요?

캐나다에서는 많은 수달이 가죽 때문에 사냥을 당했어요. 그래서 수달의 먹이인 성게가 눈에 띄게 늘어났지요. 성게가 늘어나면서 해초가 사라지고 그 뒤에 숨어 살던 작은 물고기들이 더 큰 물고기에게 잡아

먹이를 먹고 둥지를 짓기 위해 반드시 숲이 필요하지요. 그래서 고릴라는 점점 더 높은 산으로 올라갔고, 추위에 떨게 된 것이에요.

드디어 혼자다! 후~

왜 밀렵꾼들은 동물을 죽일까요?

매우 어리석은 이유 때문이에요. 밀렵꾼들은 고릴라의 두개골로 재떨이를 만들고 코끼리의 상아로 조각상을 만들어요. 코뿔소의 뿔가루가 사랑의 감정을 불러일으킨다면서 밀렵을 하지요. 슬프게도 관광객들은 그런 재떨이나 상아 조각을 사고 엉터리 가루를 구입하고 있어요.

먹히고 말았어요. 그래서 물 속에는 이제 성게만 남게 되었

중국의 판다는 대나무 숲에 살고 있어요. 판다는 매우 예민한 동물이라서 자연 상태의 환경에서 위험한 상황에 놓여 있어요.

원을 떠난 것에서 시작되었지요. 숲이 없으면 고릴라들은 더 이상 살아갈 수 없어요.

왜 고릴라는 위험한 상황에 놓여 있을까요?

고릴라들은 모두 감기에 걸렸어요. 고릴라는 추위에 약해요. 문제는 고릴라가 사람들이 나무를 베어 버린 아프리카 평

어머나 !

1970년 아프리카에는 2백만 마리의 코끼리가 살고 있었어요. 그러다가 1980년에는 130만 마리가 되었고, 1990년에는 70만 마리로 줄었지요. 오늘날에는 35만 마리만 남아 있어요. 학살은 이제 그만두어야 해요.

왜 바다소한테는
구슬픈 사연이 있을까요?

바다에 사는 바다소는 몸집은 크지만 온순한 동물이에요. 초식동물로 해초를 먹으며 미국의 플로리다 해변에 살고 있지요. 하지만 플로리다의 인구가 늘어나면서 배들이 바다를 차지하게 되었어요. 그래서 움직임이 그리 빠르지 못한 바다소는 배의 프로펠러나 나사에 상처를 입는 등 위험한 상황에 놓여 있어요.

왜 거북은 장수하기
어려울까요?

큰 바다거북은 멸종 위기에 처해 있어요. 알은 도둑 맞고 새끼 거북은 게나 고래, 창꼬치의 먹잇감이 되지요. 살아남은 거북들도 플라스틱을 삼키거나 그물에 걸리고 사람들한테 사냥을 당하지요. 하지만 그런 위험 속에서도 일부 거북들은 150년 이상 생존하기도 해요.

왜 황새는 더는 새끼를
낳을 수 없을까요?

예전에는 많은 황새들이 프랑스 알자스 지방에서 둥지를 틀고 알을 낳았어요. 하지만 이제는 그곳에서 겨울을 나는 황새들조차 보기 힘들어요. 제초제 때문에 알껍질이 약해져서 새끼가 태어나기 힘들어졌기 때문이에요.

왜 사람들은 고래를
사냥할까요?

고래의 고기를 얻거나 비누와 양초, 화장품 등을 만드는 데 필요한 고래의 지방을 얻기 위해서예요. 예전에는 고래의 수염으로 우산의 뼈대를 만들기도 했어요. 1986년부터 고래 사냥이 금지되었지요. 하지만 여전히 고래를 죽이는 일이 벌어지고 있어요. 참으로 가슴 아픈 일이에요.

어떻게 악어는
다른 생물을 도울까요?

많은 악어들이 '악어 가죽' 가방이나 신발을 만들기 위해 죽음을 당하고 있어요. 하지만 날씨가 건조해지면 웅덩이에 물구멍을 파서 다른 동물들이 와서 물을 마실 수 있게 해 주는 동물이 바로 악어예요. 악어뿐만 아니라 모든 동물이 자연의 균형과 조화로운 순환을 위해 중요한 역할을 하지요. 아무리 못생기고 무시무시하게 보이는 동물이라 할지라도 말이에요.

동유럽에 있는 슬로베니아에서 프랑스의 피레네 산맥으로 곰 세 마리가 이사왔어요. 오늘날 피레네 산맥에서 살고 있는 열세 마리의 곰은 말하자면 진짜 '피레네 곰'은 아닌 셈이에요.

약 100년 전 피레네 산맥에는 200마리의 곰이 살고 있었어요. 하지만 사냥꾼들이 양을 공격할까 봐 걱정해서 곰을 마구 사냥했어요. 그 곰들은 채식을 하는데도 말이에요.

왜 피레네 산맥의 곰은 멸종의 길로 접어들었을까요?

2004년 마지막으로 어미곰이 죽자 새끼곰은 생존하지 못할 위기에 놓였어요. 멸종 선고를 받은 셈이나 마찬가지예요.

왜 말발굽 소리는 모두에게 좋은 소식을 가져오지 않을까요?

박쥐 가운데 말발굽 모양의 코를 가진 관박쥐는 살충제가 나타나면서 곤충을 먹지 못하게 되었어요. 그 대신 사람들이 신경쓰지 않는 틈을 타서 작은 짐승들을 사냥하지요.

어머나!
- 청고래의 99%는 사냥으로 죽어 갔어요.
- 1800년에는 30,000마리의 고래가 살았지만, 현재는 3,000마리밖에 남아 있지 않아요.

고기잡이와 과잉 조업

사람들은 오랫동안 바다의 물고기가 항상 넘쳐날 것이라고 믿어 왔어요. 오늘날에는 일 년에 350만 척의 고기잡이 배가 1억 3천 톤의 물고기를 잡아요. 바다의 생물종이 줄어들고 생태계의 파괴가 걱정되는 수준에 이르렀지요. 연어와 참치는 그 가운데서도 가장 위험에 처한 물고기들이에요. 일부 불가사리나 조개 등도 마찬가지랍니다. 더욱이 한 종류가 멸종하면 그것을 먹고 사는 새와 바다표범, 돌고래 같은 다른 동물들의 생존도 위협을 받게 되지요.

왜 물고기는 도망칠 수 없을까요?

요즘 고기잡이 배에는 수중 음파탐지기나 레이더가 달려 있어 물고기의 위치를 알려 주어요. 어떨 때는 헬리콥터가 무전을 통해 어장이 어디쯤 형성되어 있는지 가르쳐 주기도 하지요.

왜 어떤 그물은 '죽음의 벽'이라고 불릴까요?

수직으로 길게 늘어뜨린 그물이 바닥에 고정되어 있거나 배에 묶여 고기를 가두어요. 그물이 매우 얇아서 물고기들은 보지 못하고 그 안에 갇힌 채 거미줄에 걸린 벌레처럼 꼼짝도 못하지요.

왜 물고기들의 수가 줄어들까요?

그물코가 매우 촘촘해서 새끼 물고기들까지 걸리기 때문에 물고기가 자라서 새끼를 낳을 기회가 없어졌어요. 다행스럽게도 많은 물고기들이 이전보다 더 빨리 새끼를 낳게 되면서 성장 속도가 빨라지긴 했어요.

어떻게 작은 배도 엄청난 기술을 사용할까요?

물고기들에 커다란 피해를 주는 것은 대형 선박만이 아니에요. 작은 배의 어부들도 새로운 기술을 사용하고 있어요. 다이너마이트나 그물총 같은 것 말이에요. 매우 효과적인 방법이긴 하지만, 그런 방법을

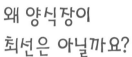

왜 양식장이 최선은 아닐까요?

양식장은 새끼 돼지를 기르는 것처럼 물고기를 기르는 농장이에요. 하지만 문제는 양식하는 물고기의 먹이가 대부분 다른 종류의 물고기라는 점이지요. 그래서 더 많은 물고기를 기르려면 더 많은 물고기를 잡아야 해요.

계속 사용하면 잡을 수 있는 물고기가 남아날까요?

2002년부터 대서양과 지중해에서 참치를 잡을 때 촘촘한 그물을 사용하는 것이 금지되었어요. 하지만 여전히 사용되고 있는 것이 문제예요.

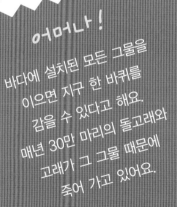

어떻게 '절제'하며 고기를 잡을 수 있을까요?

'선택적 어업'을 한다면 가능한 일이에요. 위험 어족이 아니고 새끼를 낳은 적 있는 다자란 물고기를 선별하여 잡는

거예요. 미국에서는 '선택적 어업'이라는 표시가 있지만, 유럽은 아직 그렇지 못해요.

어머나!

바다에 설치된 모든 그물을 이으면 지구 한 바퀴를 감을 수 있다고 해요. 매년 30만 마리의 돌고래와 고래가 그 그물 때문에 죽어 가고 있어요.

생물종의 보호

● 전 세계적으로 많은 나라에서 위험한 상황에 처한 동물들을 지키기 위해 힘을 합하고 있어요. 워싱턴 협약에서는 멸종 위기의 동물들을 세 단계로 구분했지요. 즉각적인 멸종, 단기간 내의 멸종, 그리고 취약한 동물 그렇게 세 단계로 나누었어요.

● 그런 동물들의 사냥이나 상거래는 전 세계적으로 금지되어 있으며 철저하게 규제가 이루어지지요. 취약한 동물들에 대한 관찰도 지속적으로 이루어지고 있어요.

어떻게 한 동물종의 개체수를 알 수 있을까요?

그것은 사실 불가능하다고 할 수 있어요. 그래서 과학자들은 '방형구' 라는 직사각형의 좁은 지역을 만들어요. 작은 곤충일 경우에는 작게, 큰 고래일 경우에는 크게 만들지요. 그리고 그 안에 살고 있는 동물의 수를 세는 거예요.

어떻게 바다에 사는 동물들의 수를 셀까요?

그것은 특히 더 어려운 일이에요. 바다에 사는 모든 물고기에 숫자표를 붙일 수는 없으니까요. 거북의 수를 알기 위해서는 해변에 있는 둥지의 수를 세고, 바다와 둥지 사이의 흔적을 세는 엄청난 작업을 해야 해요. 그 결과 현재 104,000

마리의 암컷 거북이 지구상에 존재한다는 사실을 알게 되었어요. 하지만 둥지에서 알을 낳지 않는 수컷 거북의 수는 여전히 알지 못해요.

어떻게 과학자들은 동물의 나이를 알 수 있을까요?

포유류는 동물의 체격이나 이빨이 닳은 정도를 통해 알 수 있어요. 물고기들은 비늘을 관찰하여 나무의 나이테처럼 나이의 흔적을 찾을 수 있지요. 물고기들은 겨울마다 하나씩 비늘을 얻어요. 그리고 새끼 물고기들이 많으면 앞으로도 별 위험이 없을 것이고, 나이든 물고기가 더 많으면 위험한 상태에 놓였다는 사실을 알 수 있어요.

과학자들과 관광객들, 전문적인 환경운동가와 아마추어가 모두 함께 지구의 다양한 환경을 보호하고 있어요.

어떻게 각자의 위치에서 환경을 위해 활동할 수 있을까요?

세계자연보호기금(WWF) 같은 환경운동 단체들은 생물 종과 환경을 보호하기 위해 활동하지요. 보통 사람들은 기부나 자원 활동 형식으로 그들의 일을 돕고 있어요.

왜 그린피스는 그렇게 유명할까요?

그린피스는 고래 구조 활동을 통해 이름을 널리 알렸어요. 그린피스 회원들은 고무보트를 타고 고래를 보러 다니면서 사냥꾼들이 고래를 사냥하지 못하도록 감시하고 있어요.

어떻게 어떤 동물이 멸종 위기에 있다는 것을 알 수 있을까요?

과학자들은 동물의 수를 세면서 연구를 계속해요. 동물을 관찰하는 데 오랜 시간을 보내지요. 그래서 위험에 빠진 동물이 있다면 전 세계적으로 경고령을 내려요.

어머나!

19세기에는 200년 만에 6백만 마리이던 들소가 800마리로 줄었어요. 그 후 들소 사냥을 금지하자 미국의 들소는 다시 2만 마리로 증가했어요.

어떻게 코끼리를 잘 보호할 수 있을까요?

1989년부터 코끼리 사냥은 금지되었지만, 여전히 대규모의 밀렵과 코끼리 상아의 불법 유통이 이루어지고 있어요. 하지만 남미에는 코끼리 상아만큼 단단한 열매를 가진 야자수가 있어요. 그래서 '상아나무' 라고 부를 정도지요. 코끼리를 지키기 위해 그 야자수를 잘 키우면 되지 않을까요?

왜 보호소는 코끼리가 살기에 적합하지 않을까요?

코끼리는 하루에 280kg의 먹이를 먹어요. 쉬지 않고 움직이며 하루에 40km를 걸을 수 있지요. 그래서 보호구역에 사는 코끼리는 금세 답답하다고 느껴 나무를 뽑고 나뭇잎을 뜯으며 화를 내지요. 다른 동물들이 좋아할 리 없어요.

왜 동물원에서의 생활은 전보다 나아졌을까요?

예전의 동물원은 감옥과 비슷한 모습이었어요. 동물들은 우울증에 걸리거나 병을 얻었지요. 이제 동물들은 나무도 있고 원래 자신들이 살던 환경과 비슷한 곳에서 생활해요. 전보다 나은 것은 사실이지만, 자연 상태는 아니에요.

왜 동물원은 최선의 방법이 아닐까요?

어떤 동물의 수가 너무 줄어들면 학자들은 살아 있는 동물들을 동물원으로 옮기기로 결정해요. 그곳에서는 굶어죽거나 사냥꾼들에게 희생되거나 다른 포식 동물들에게 잡아먹힐 일은 없으니까요. 그렇지만 어떤 동물들은 동물원에서의 생활을 견디지 못해요. 잘 적응하지 못하고 그곳에서의 생활을 계속 거부하거나 새끼를 낳지 못하지요.

어떻게 수염수리는 다시 돌아오게 되었을까요?

수염수리는 거대한 맹금류로 예전에는 악마로 여겨지던 새예요. 사람들은 수염수리에 대한 두려움으로 모조리 잡아 없앴지요. 그래서 1920년에 멸종이 선언되기도 했어요. 하지만 학자들은 다른 곳에서 수염수리를 찾아내어 작은 새끼를 키워서 1991년 35쌍의 수염수리를 자연으로 돌려보냈어요. 그들은 현재 프랑스의 알프스 지방에서 살고 있어요.

왜 동물들을 자연으로 돌려보낼까요?

야생동물들은 자유롭게 살도록 태어났기 때문이에요. 그리고 자연에서 중요한 역할을 담당하지요. 예를 들어 수염수리는 산을 깨끗이 청소해요. 양 한 마리가 골짜기에 떨어져서 죽으면 그 시체를 수염수리가 처리하지요. 수염수리가 없다면 스키를 타다가 동물의 시체와 마주칠지도 몰라요.

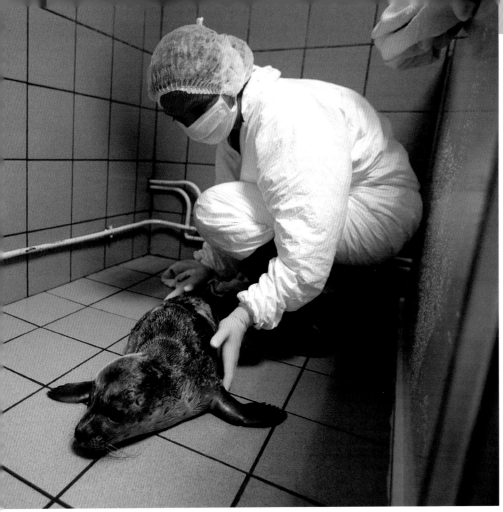

과학자들은 연구 대상이 되는 동물들을 세심하게 관찰하고 정성을 다해 돌봐 주어요.

자연으로 돌아간 동물들을 어떻게 관찰할까요?

동물들에게 보석을 끼워 준답니다. 새들에게는 고유번호가 적힌 반지를 끼우고 계속 관찰해요. 곰처럼 커다란 포유류에게는 전파를 송신하는 목걸이를 채워서 컴퓨터를 통해 곰의 이동 경로에 대한 정보를 수집하지요.

이게 숲으로 향하고 있습니다!

때 전문가들은 자신의 모습을 보이지 않아요. 그랬다가는 항상 고아 독수리들 곁에 머물러야 하니까요. 대신 꼭두각시 인형을 통해 새끼들에게 먹이를 주지요. 조금씩 먹이 시간의 간격을 벌리면서 새끼 새가 혼자 먹이를 찾아 날게 될 때까지 돌봐 준답니다.

어떻게 새끼 독수리가 꼭두각시 인형과 함께 자랐을까요?

새끼 새는 태어나자마자 처음 본 대상을 어미라고 믿어요. 그래서 고아 독수리들을 키울

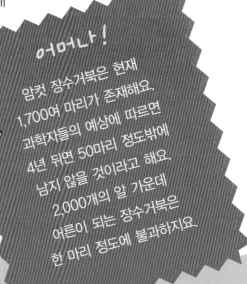

어머나!

암컷 장수거북은 현재 1,700여 마리가 존재해요. 과학자들의 예상에 따르면 4년 뒤면 50마리 정도밖에 남지 않을 것이라고 해요. 2,000개의 알 가운데 어른이 되는 장수거북은 한 마리 정도에 불과하지요.

어떻게 장수거북을 도울 수 있을까요?

과학자들은 특별히 넓은 해변을 재정비하여 보초를 두고 있어요. 장수거북의 알을 훔쳐가지 못하도록 말이에요. 그뿐 아니라 모래에 빠지는 거북들을 도와 주기도 하지요. 그 결과 거북들이 그 해변으로 다시 알을 낳으러 무리를 지어 찾아오게 되었어요.

어떻게 늑대는 자신의 화려한 등장을 알리게 되었을까요?

곰과는 반대로 늑대는 과학자들에 의해 자연으로 돌아간 것이 아니라 스스로 되돌아왔어요. 프랑스의 알프스나 보주 산맥에 사는 늑대들은 1992년 이탈리아에서 건너왔어요. 과학자들은 그들을 지키기 위해 모든 노력을 다 했어요. 늑대 사냥을 금지하고, 양을 잃은 목동들에게는 보상을 해 주었지요. 1997년에는 800마리의 양에 대한 보상이 이루어졌어요. 그 결과 이제 늑대들의 세상이 되었답니다.

왜 아메리카 악어는 이전보다 나은 생활을 하고 있을까요?

한때 매우 심각한 멸종 위기에 처해 있던 미국의 악어는 30년 전부터 보호를 받게 되었어요. 그 결과 수가 몇 배나 증가했고, 현재는 백만 마리 정도를 헤아리지요. 그렇게 점점 많아지면서 악어가 사람들이 생활하는 곳까지 출몰하기 시작했어요. 이를테면 호숫가나 골프장에 나타나는 거예요. 사람한테는 위협적이지만, 악어와 함께 살아갈 방법을 찾아야 해요.

어떻게 복제는 하나의 해결책이 될 수 있을까요?

2001년 한 연구팀은 멸종 위기종인 지중해 지역에 사는 야생 양에 대한 복제 실험에 성공했어요. 그 기술로 멸종이 염려되는 일부 동물들을 구할 수 있을 뿐만 아니라 이미 사라진 동물들도 다시 부활시킬 수 있을지 몰라요. 물론 공룡은 안 되겠지만요. 하지만 자연의 순리를 따라야 한다고 생각하는 사람들은 그런 방법으로 환경을 지킨다는 것은 바람직하지 않다고 말해요.

어떻게 하면 뱀을 잘 보호할 수 있을까요?

뱀의 독에 포함된 베닌이라는 성분을 약품에 사용한다는 이유로 많은 뱀들이 사냥되고 있어요. 하지만 이제는 소를 기르는 것처럼 뱀 농장이 있어

상황에 놓여 있어요. 너무 많은 사람들이 그들을 집에서 키우기 때문이에요. 그들을 사고 파는 것이 금지되어 있는데도 불법적으로 들여오는 경우도 있지요. 작은 가방에 뱀을 넣거나, 공기나 빛이 통하지 않는 상자에 앵무새를 넣어 들여오기도 하고요. 그 가운데 80%는 이동 도중에 죽고 말아요. 현재 58종의 앵무새가 그런 불법 거래 때문에 멸종 위기에 놓여 있어요. 땅거미도 마찬가지예요.

회색 늑대는 한때 멸종 위기에 처했어요. 하지만 이제는 유럽 전체에서 살고 있을 뿐 아니라 시베리아에는 십계가 뇌시 않을 정도로 많은 회색 늑대가 살고 있어요.

요. 주둥이를 누르는 방법으로 뱀을 죽이지 않고서도 베닌을 추출할 수 있어요.

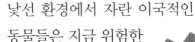

왜 이국적인 동물을 집에서 키우면 안될까요?

낯선 환경에서 자란 이국적인 동물들은 지금 위험한

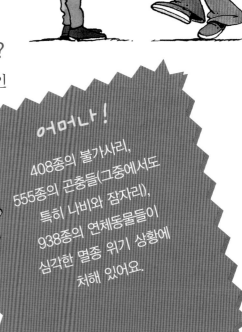

어머나 !
408종의 불가사리, 555종의 곤충들(그중에서도 특히 나비와 잠자리), 938종의 연체동물들이 심각한 멸종 위기 상황에 처해 있어요.

위기에 처한 식물들

- 2004년 국제자연보호연맹이 발표한 '레드 리스트'에는 8,323종의 식물이 올라 있으며 총 15,600여 종의 식물이 위험한 상태에 놓여 있다고 해요. 전 세계적으로 동물보다 식물이 더 심각한 상황이에요.

- 멸종 위기에 놓인 식물종 가운데에는 5,611종의 나무도 포함되어 있어요.

- 삼림 파괴와 늪지의 사막화, 현대화된 농업과 살충제의 사용 등이 식물이 죽어 가는 주요한 원인이에요.

왜 산호의 죽음은 매우 위험한 신호일까요?

산호는 수온이 상승하는 것을 잘 견디지 못해요. 그래서 하얗게 변하고 곧 죽게 되지요. 산호는 많은 종류의 물고기와 조개와 불가사리 들에게 쉴 곳이 되어 주어요. 그래서 만약 산호가 없다면 많은 생명체들이 위험한 상황에 놓이게 될 거예요.

어떻게 미국의 환경운동가들은 아마존 숲을 지켰을까요?

그들은 강력한 방법을 사용했어요. 곧 베일 위험에 처한 나무의 꼭대기에서 캠핑을 하거

나 나무 둥치에 뾰족한 금속을 설치해서 벌목하는 사람들이 나무를 베지 못하게 했지요. 하지만 그보다 덜 공격적으로 자연을 지켜 내는 방법도 있어요.

왜 식물이 사라지는 만큼 사람도 위험해질까요?

많은 식물은 병을 낫게 하는 능력을 가지고 있어요. 그래서 가난한 나라에서는 그런 식물들을 이용하여 병을 치료하지요. 또한 사람들은 식물에서 추출한 원료로 약을 만들어 이용해요. 그러니까 한 종류의 식물이 사라질 때마다 병을 치료하는 약도 하나씩 사라지는 거예요.

왜 식물이 사라지면
동물도 위험해질까요?

식물이 없어지면 곤충과 새
도 줄어들어요. 왜냐하면 그
들의 먹이인 곡식과 풀이 충
분하지 않고 둥지를 짓거나
몸을 피할 곳이 줄어들기 때
문이에요. 그리고 곤충과 새
들이 꽃가루를 옮겨 주기 때
문에 식물이 줄어드는 현상
은 모든 자연 활동이 파업에
돌입하는 것과 같아요.

왜 메타세콰이어 나무는
겉보기와는 달리
부실할까요?

메타세콰이어 나무는 80m 높
이까지 자라요. 하지만 뿌리를
내려 거의 땅에 서 있다시피
해서 생각보다 튼튼하지는 못
해요. 요즘은 점점 많은 관광
객이 구경하러 오기 때문에 나
무가 더 불안정해질 수 있어
요. 그런 이유로 많은 메타세
콰이어 나무가 쓰러지고, 그때
주변의 나무까지 넘어뜨려서
'세콰이어 도미노 현상'이 일
어나기도 하지요.

어머나!
과학자들은 산호가 사라지면
2백만 종의 해양 생물들이
위험해질 것으로
예상하고 있어요.

보호구역

- 지구에는 총 10만여 개의 국립 혹은 지역 차원의 자연보호구역과 생물의 다양성을 확보하기 위한 공간이 있어요. 그 크기는 몇 헥타르에서부터 수천만 킬로미터에 달하기도 하지요.

- 세계 최초의 국립공원은 1872년에 지정된 미국의 옐로우스톤이며, 유럽 최초의 국립공원은 1909년에 지정된 스웨덴의 라포니안 지역이에요. 프랑스는 1963년 알프스 지역의 바누아즈가 처음 국립공원으로 지정되었지요. 특히 야생 염소와 마멋을 보호하고 있는 곳이에요. 우리나라도 1967년에 최초로 지리산 국립공원을 지정했어요.

왜 국립공원에는 전깃줄이 없을까요?

전선은 있지만, 새들이 감전되거나 전선에 꼬이지 않도록 땅속에 묻었어요. 통신선도 마찬가지예요.

공원에서는 어떻게 동물들을 보호할까요?

사람들에게 주의할 점을 알리고 몇 가지 금지하는 규칙을 마련해 놓고 있어요. 사냥과 고기잡이를 계속 단속하고 특히 새의 알을 훔쳐가지 못하도록 경비를 서지요. 가축이나 애완동물은 출입할 수 없어요.

식물은 어떻게 보호할까요?

다른 곳에서 식물의 씨앗을 가져오거나 보호종인 식물을 베거나 뽑는 일, 그리고 열매를 따는 것 모두 금지하고 있어요. 그리고 라디오를 크게 틀고 돌아다니거나 전통적으로 양치는 목동을 제외한 모든 생산 활동을 금지하지요. 운동하는 것도 제한한답니다.

왜 국립공원에는 길이 많지 않을까요?

길은 동물이 지나는 통로를 막아요. 몇몇 동물들은 길을 건너려다 빠져나가지 못하고 다칠 때가 있어요. 그래서 국립공원에 새로 길을 내는 것은 엄격하게 금지하지요. 그리고 이미 나 있는 길에는 작은 동물들이 건너다닐 수 있도록 지하 터널을 만들어 놓았어요.

왜 일부 공원에서는 무장한 경비원들이 지키고 있을까요?

아프리카에서는 사냥을 위해 국립공원을 침범하는 경우가 많기 때문에 무장을 한 경비원들이 계속 경비를 서요. 그들 가운데에는 한때 밀렵꾼이었지만, 동물을 지키기 위해 마음을 바꾼 사람들도 있어요.

어떻게 해양 동물들을 보호할까요?

바다에는 보호구역을 만들기 힘들어요. 하지만 과학자들은 배가 지나다니거나 고기잡이를 금하는 구역을 만들었어요. 대서양 한가운데 있는 피난처에서는 고래들이 평화롭게 뛰놀 수 있지요.

카마르그에서는 어떻게 사냥을 할까요?

카마르그 삼각주 지역의 보호소는 사냥꾼들과 납 성분이 없는 탄약을 사용하는 계약을 맺었어요. 호수의 물이 오염되거나 새들이 위험에 빠지지 않도록 한 거예요.

어머나!

전 세계 약 5만여 곳의 국립공원의 총 면적은 8백만km²에 달하며, 이는 프랑스 땅의 15배에 해당해요.

환경을 위한 작은 실천

● 과학자들의 노력과 국립공원 지정 등도 환경보호에 발전을 가져오지만, 자연 환경 전체를 보호구역으로 묶을 수는 없어요. 그래서 우리 모두가 자연을 보존할 수 있도록 노력해야 해요. 그것은 매일의 작은 실천으로부터 시작할 수 있어요. 숲 속을 산책하거나 바닷가로 휴가를 가서도 마찬가지예요.

● 가능한 한 모든 방법을 동원해 지구의 다양한 생물을 지켜야 해요. 너무 많은 생물의 종류가 사라지면 생태계에 불균형이 찾아올 수 있기 때문이에요. 그뿐 아니라 사람들이 살기 위해 꼭 필요한 식량과 약품, 그리고 살아갈 공간 역시 위험해질 수 있어요.

왜 숲에서는 소란을 피우면 안 될까요?

숲에서는 소리를 지르거나 큰 소리로 말하고, 라디오를 크게 틀어 놓거나 자동차 엔진을 부릉거리는 일을 모두 피해야 해요. 동물들은 겁이 많기 때문에 숲을 시끄럽게 하는 것은 그들을 쫓아내고 식사를 방해하는 행동이에요. 저녁 식사를 하는 도중에 자기 집에 낯선 무리가 들어와서 시끄럽게 떠드는 걸 바라는 친구가 있을까요? 아마 없을 거예요. 동물들도 마찬가지랍니다.

왜 산에서는 조용히 하는 것이 좋을까요?

산에 올라가서 야호 소리치며 메아리를 듣는 것은 기분 좋은 일이에요. 하지만 한창 겨울잠에 빠져 있는 마멋에게는 반가운 일이 아니지요. 우리가 조용히 하지 않으면 마멋은 몸이 허약해져서 봄이 오기 전에 죽을지도 몰라요.

왜 동물은 손이 아닌 눈으로 봐야 할까요?

새끼 동물과 맞닥뜨렸을 때 절대 쓰다듬어서는 안 돼요. 어미는 사람 냄새가 나는 자기 새끼를 더 이상 알아보지 못하고 버리기 때문이에요. 또한 새들의 둥지나 땅굴도 함부로 만져서는 안 돼요. 쪼이거나 물릴 수 있으니까요.

어 있는 셈인데 짓밟으면 안 되잖아요.

어떻게 버섯을 수확할까요?

버섯은 뿌리째 뽑지 말고 칼을 이용하여 뿌리 위쪽을 잘라요. 땅속에 남은 뿌리가 썩으면 숲의 땅을 비옥하게 만들고 다른 식물들이 잘 자랄 수 있도록 도와주지요.

에서 멀어지면 동물이 사는 굴이나 보호받아야 하는 식물이 망가질 수 있거든요. 또한 높은 곳에서 자라는 나무들은 바람과 추위 때문에 낮게 자라요. 버드나무나 자작나무도 마치 잡목 같은 모양을 하고 있지요. 숲이 잔디밭 아래에 숨

왜 정해진 길을 따라가야 할까요?

산책을 하거나 하이킹을 할 때에는 반드시 정해진 길을 따라가는 것이 중요해요. 원래 길

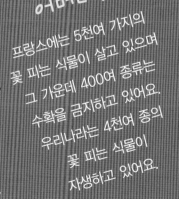

어머나!

프랑스에는 5천여 가지의 꽃 피는 식물이 살고 있으며 그 가운데 400여 종류는 수확을 금지하고 있어요. 우리나라는 4천여 종의 꽃 피는 식물이 자생하고 있어요.

왜 높다란 나막신을 신어야 할까요?

우리는 야생의 들꽃을 꺾지 말고 보호해야 한다는 사실을 잘 알고 있어요. 하지만 꽃 근처의 땅을 밟지 말아야 하는 것은 잘 모르지요. 꽃 주변의 땅을 밟으면 뿌리가 상할 수 있어요. 그리고 너무 오래 꽃향기를 맡는 것 역시 벌레들이 다가오지 못해 꽃가루를 옮길 수 없어 피해야 해요.

어떻게 해야 자연을 더 잘 이해할 수 있을까요?

자연을 보호하려면 우선 잘 아는 것부터 시작해야 하지요. 그러려면 환경 동아리나 단체에 가입하는 것도 좋아요. 어린이와 어른을 대상으로 하여 많은 단체가 조직되어 있으니까요. 강가에 사는 작은 생물들을 관찰하거나 동물들의 발자국을 사진 찍는 일, 겨울을 나는 새를 위해 먹이를 주는 등 자연을 관찰하면서 동시에 보호하는 일을 할 수 있어요.

어떻게 하면 환경에 더 큰 도움이 될 수 있을까요?

일요일이나 휴가 기간 동안 어린이들이 참여할 수 있는 즐거운 활동도 다양하게 마련되어 있어요. 하지만 기름으로 오염된 바다를 청소하거나 강물을 오염시키는 쓰레기를 치우는 위험한 일을 하려면 좀 더 자라야 해요.

어떻게 자연을 해치지 않으면서 물놀이를 할까요?

바다로 휴가를 떠나서 피해야 할 일들이 몇 가지 있어요. 모래언덕에서 자전거를 타는 것은 동물이나 식물을 짓누를 수 있는 행동이에요. 작은 게를 잡거나 불가사리를 잡으면 반드시 금방 바다로 돌려보내야 해요. 썰물 때 바닷가에서 자갈을 치우면 물 웅덩이가 증발해서 조그만 생물들이 말라죽은 것을 발견하게 되고, 밀물이 되었을 때 그곳에서 생활하는 작은 생물들을 방해하는 행동이에요.

왜 도로에서 마구 달리면 안 될까요?

사하라 사막을 횡단하는 유명한 경주는 많은 쓰레기를 남겨요. 오토바이가 고장 나면 그냥 버리고 떠나기 때문이에요. 더 좋지 않은 일은 빠른 속도로 달리면서 햇빛을 피해 모래 속에

안 돼요! 나무껍질을 파낸 자리에 기생충이 생기거나 버섯이 자랄 수 있기 때문이에요. 그러면 나무는 병에 걸리게 되고 심하면 죽을 수도 있어요. 사랑의 희생양이 되는 것이지요.

왜 소풍을 가서 개미만 너무 믿어서는 안 될까요?

개미는 청소부가 아니에요. 물론 개미가 빵조각을 가져갈 수는 있지만, 남은 음식물들을 잘 모아서 쓰레기통에 버려야 해요.

생물종을 보호하기 위해 일정한 구역 안에서는 엄격한 규칙을 정해 관광객의 출입을 제한해요.

왜 '사랑해'라는 말을 나무에 새기지 말아야 할까요?

절대로 나무에 하트를 새기거나 이름을 파서는

서 살아가는 작은 생물들을 위협한다는 사실이에요. 그 때문에 오늘날 사막의 많은 생물들이 위험에 처해 있어요.

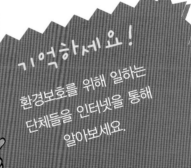

기억하세요!

환경보호를 위해 일하는 단체들을 인터넷을 통해 알아보세요.

유입 생물종

● 살아 있는 생명체를 종종 이곳에서 저곳으로 옮기는 과정에서 균형을 잃어버리곤 해요. 낯선 환경으로 들어온 동물이나 식물은 새로운 땅에서 다른 생물들을 파괴하거나 자연 환경을 황폐하게 만들 수도 있어요.

● 1859년 오스트레일리아에 들어온 토끼의 경우는 유명한 일화 가운데 하나예요. 27마리이던 토끼가 6년 만에 2,200만 마리로 불어나면서 경작지를 파괴하고 호주의 지형을 사막으로 바꾸어 놓았어요.

왜 히아신스는 위험한 선물이었을까요?

1884년 루이지애나 박람회에서는 아마존의 아름다운 꽃인 히아신스를 모든 관람객에게 나누어 주었어요. 하지만 그것이 불행의 시작이었지요. 히아신스가 급속도로 번식하면서 전국의 연못과 물이 흐르는 곳곳에서 자라 다른 식물이 살 수 없게 되었기 때문이에요.

여우는 토끼보다 느려서 잡기 쉬운 유대류 동물들을 쫓아다니기를 더 좋아했어요. 그래서 한꺼번에 많은 토끼를 죽일 수 있는 바이러스를 풀었어요. 하지만 살아남은 토끼들은 웬만한 병에도 끄떡없는 슈퍼 토끼가 되었고, 더 많이 번식했어요. 지금도 오스트레일리아에서는 3억 마리의 토끼와 전쟁이 계속되고 있어요.

수족관의 작은 거북은 어떻게 되었을까요?

수족관에서 사는 조그만 거북은 참 귀여워요. 하지만 그런 거북은 아직 새끼일 뿐이에요. 거북은 자라면서 거대해지지요. 그래서 사람들은 커다란 거북을 버렸고, 그들은 프랑스의 늪을 정복했어요. 60kg이나 나가는 거북들은 별로 귀엽지 않아요.

오스트레일리아에서는 어떻게 토끼를 잡았을까요?

모든 방법을 동원했답니다. 우선 여우를 들여왔어요. 하지만

히아신스는 전 세계적으로 가장 파괴적인 식물로 꼽혀요.

왜 살인적인 해초는 지중해에 전쟁을 불러일으켰을까요?

바위덩굴은 태평양의 살인적인 해초예요. 1984년 프랑스의 코트다쥐르 해안에 처음 나타난 그 해초는 이탈리아의 모든 해안을 잠식하고 발레아레스 제도까지 이르렀어요. 바위덩굴이 한번 자리를 잡으면 다른 식물들의 자리를 위협해서 물고기나 불가사리를 내쫓아 버려요.

는 또 다른 동반자가 있었어요. 바로 영국에서부터 배에 붙어 온 작은 조개였지요. 그들은 매우 빠르게 번식해서 브르타뉴 주의 콩카르노에 이르자 수천 톤에 달하게 되었어요. 굴의 터전까지 위협할 정도였답니다.

왜 1944년 6월 배에서 내린 것은 연합군만이 아니었을까요?

1944년 연합군은 노르망디에 상륙했어요. 하지만 그들에게

어머나!

● 3년 동안 들쥐 한 쌍은 60만 마리의 새끼를 번식할 수 있어요. 토끼 한 쌍은 1,300만 마리가 되지요.

● 파리 한 쌍은 일 년에 무려 수십억 마리가 될 수 있어요.

앞으로 지구는 어떻게 될까?

● 과학자들은 인류의 활동으로 지구의 온난화가 가속화될 것이라고 생각하고 있어요. 21세기 말에는 지금보다 섭씨 1.4도에서 5.8도 정도 기온이 상승할 것으로 예상하지요. 지구 온난화는 남극과 북극 지방에서 더 심각해요. 북극에는 섭씨 10도, 남극은 8~12도 정도 기온이 올라갈 거예요.

● 그렇지만 너무 비관할 필요는 없어요. 물론 낙관만 해서도 안 되지요. 우리가 지구 온난화를 가속화시키고 있기 때문에 지구의 생명이 지금처럼, 혹은 지금보다 더 살기 좋게 되도록 생활 방식을 변화시키는 등 최선의 노력을 다해야만 해요.

왜 섬들이 물에 잠기고 있을까요?

평탄한 섬들로 이루어진 아프리카의 세이셸은 곧 물에 잠길 위험에 처해 있어요. 과학자들은 21세기에는 해수면이 상승할 거라고 예상해요. 그 이유는 높은 기온으로 빙하가 녹아 물이 많아지기 때문이에요.

어떻게 작은 온도의 차이가 그렇게 큰 변화를 가져올까요?

지금으로부터 5,500만 년 전 신생대의 에오세 시대에는 지금보다 평균 기온이 섭씨 4도쯤 높았고, 알래스카 한복판에서도 바나나가 자랐어요. 반대로 18,000년 전에는 4도가 내려가면서 브르타뉴 주 전체가 거대한 빙하로 뒤덮였지요.

100년 안에 지구의 모습은 어떻게 변할까요?

해안이나 평탄한 지형은 물에 잠길 위험이 커지고 있어요. 사막은 유럽까지 번지거나 미국의 평원 지역에도 나타날 수 있지요. 반대로 시베리아나 캐나다 북부처럼 좀 더 윤택한 환경이 될 수도 있을 거예요.

왜 온난화는 더 많은 비를 내리게 할까요?

지구의 기온이 계속 올라가면 바닷물이 점점 더 많이 증발하게 되지요. 그래서 현재의 온대 지역에서는 더 많은 구름과 열기와 비가 만들어져요. 자외

왜 기상이변은 더 이상 새로운 일이 아닐까요?

지구의 온도 상승은 이미 오래된 이야기예요. 말하자면 온도의 재상승인 셈이지요. 공룡이 살았던 중생대는 지금보다 10~15도 이상 온도가 높았어요. 하지만 지금의 온도 상승은 사람에 의해 일어나는 데다가 속도가 매우 빠르다는 점이 분명한 차이랍니다.

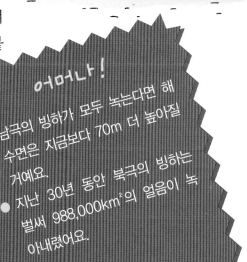

선 차단제가 영영 필요없어지는 걸까요?

해수면의 상승은 몰디브 같은 평탄한 지형의 섬들을 삼켜 버리고 말 거예요.

거예요. 멕시코 만류가 유럽을 향해 오지 않으면 유럽의 해안에서 온도가 상승하지 않아 겨울에는 그야말로 꽁꽁 얼어붙게 될 테지요.

왜 북유럽은 찬바람을 맞게 되었을까요?

대서양의 온도가 상승하는 것은 기류의 순환 질서도 파괴할

어머나!
● 남극의 빙하가 모두 녹는다면 해수면은 지금보다 70m 더 높아질 거예요.
● 지난 30년 동안 북극의 빙하는 벌써 988,000km²의 얼음이 녹아내렸어요.

찾아보기

에밀리 보몽 기획
논픽션 책을 기획하고 글을 쓰는 어린이책 작가예요.
책을 통해 초등학생뿐 아니라 미취학 어린이들이 꼭 배워야 하는 지식을 쉽게 알려 주지요.
작품으로는 '발견 시리즈'와 '꼬마 그림 사전 시리즈' 등이 있어요.

에마뉘엘 파루아시앵 글
유명한 어린이책 작가예요. 특히 「자연」「생태」「동물」「스포츠」「이집트」 등 초등학생을 위한 논픽션 책과
부모님을 위한 자녀 교육 지침서 「갈등 없이 자녀를 키우는 법」 등이 잘 알려져 있어요.

자크 다얀 · 이브 르케슨 그림
어린이책, 특히 논픽션 책에 그림을 그리는 작가들이에요. 과학적이고도 재치가 넘치는 그림으로
자칫 어렵고 딱딱하게 느껴질 수 있는 내용을 쉽게 이해할 수 있도록 도와주지요.
작품으로는 「인체」「건축물」「중세」「스포츠」「바다」 등 여러 권이 있어요.

과학상상 옮김
이화여자대학교와 대학원에서 불문학을 공부하면서 어린이책을 번역하는 모임이에요.
내용이 충실하고 수준 높은 논픽션 책을 소개하고 알리기 위해 번역을 시작했어요.
「우주」「공룡」「환경」「자연」「에너지」 등 지식의 발견 시리즈를 우리말로 옮겼어요.